U0179016

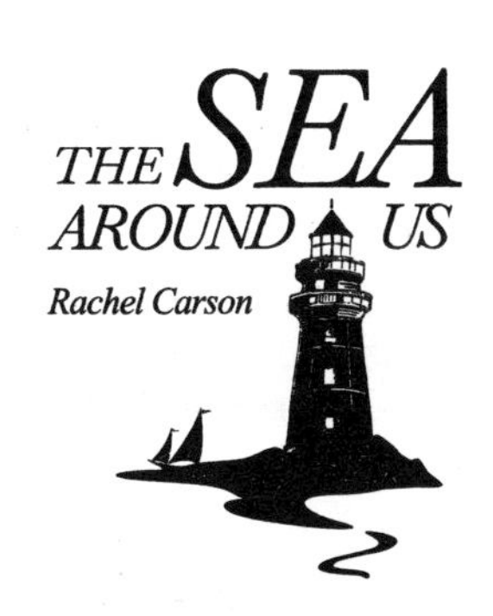

我们身边的海洋

[美] 蕾切尔·卡逊 — 著

单慧 — 译

四川人民出版社

图书在版编目（CIP）数据

我们身边的海洋 / (美) 蕾切尔 · 卡逊著 ; 单慧译
. -- 成都 : 四川人民出版社, 2021.3
ISBN 978-7-220-11546-2

Ⅰ. ①我… Ⅱ. ①蕾… ②单… Ⅲ. ①海洋—普及读
物 Ⅳ. ①P7-49

中国版本图书馆CIP数据核字（2019）第240859号

我们身边的海洋

WOMEN SHENBIAN DE HAIYANG

［美］蕾切尔·卡逊 著 单慧 译

责任编辑	谢 寒
出版统筹	谢 寒
封面设计	张 科
版式设计	张 妮
责任校对	林 泉
英文校对	王晶晶
责任印制	李 剑
出版发行	四川人民出版社（成都槐树街2号）
网 址	http://www.scpph.com
E-mail	scrmcbs@sina.com
新浪微博	@四川人民出版社
微信公众号	四川人民出版社
发行部业务电话	（028）86259624 86259453
防盗版举报电话	（028）86259624
照 排	四川胜翔数码印务设计有限公司
印 刷	成都蜀通印务有限责任公司
成品尺寸	145mm×210mm
印 张	8.375
字 数	200千
版 次	2021年3月第1版
印 次	2021年3月第1次印刷
书 号	ISBN 978-7-220-11546-2
定 价	52.00元

目录

CONTENTS

|第三部分|

我们与海

1961 年版前言

海洋，一直不断地挑战着人类智力与想象力的极限。直到今天，海洋仍然是地球上最后一片广阔而未知的区域。如今，人类即使倾尽全力对这一广阔无垠、难以涉足的区域展开探索，也仅仅是管中窥豹。即使如今原子时代里各项技术迅猛发展，这一情况也没有大的改观。人类探索海洋的热切兴趣在第二次世界大战期间火热苏醒，因为人们突然意识到自己对海洋的认识匮乏到堪称危险的地步。现在，虽然航船不断在海面上航行，潜水艇不断探索着水下世界，但曾经的人类仅仅了解一些最基本的海洋地理名词而已。当时的人们对海水动力学的了解甚少，尽管多数军事行动的功败垂成显而易见地取决于能否清晰准确地预测潮汐、洋流、海浪等的动向。美国政府和其他海洋大国很快就明确了海洋研究的实际需要，并在海洋科学研究中开始投入愈来愈多的精力。许多仪器设备都诞生于当时的迫切需要之下，为海洋学家提供新途径去测绘洋底轮廓、研究深海运动，甚至对洋底本身进行取样。

借助海洋研究的迅猛发展，人们很快意识到，关于海洋的很多原始概念是错误的。到20世纪中叶，新的海洋学蓝图开始展现，这一过程好似艺术家在一幅巨大画布上开始勾勒出简单框架，但还有许多的空白等待着描绘，邀请众人共同绘就这宏幅巨制。

这就是我在1951年写就《我们身边的海洋》时，人们对海洋世界的了解程度。自此之后，海洋学发展迅猛，不断有新的发现填补着画布上的空白。等到本书再版的时候，我便在附录中罗列了一系列重要新发现。①

20世纪50年代是海洋科学史上一个令人激动的时代。就在这几年中，第一架载人设备成功下落至洋底最深的海穴之中；也是这几年中，潜水艇通过冰下作业首次跨越了整个北冰洋。人们发现了之前难以一见的洋底的诸多特性，其中包括新发现的海底山脉——这些山脉似乎与陆地高山脉一脉相承，共同形成了连续“链条”，将整个地球围合。人们也发现了隐秘在海洋深处的河流，汇聚形成了相当于数千密西西比河支流水量的地下水流。国际地球物理年期间，来自40个国家的60艘科考船和不同岛屿海岸上成百上千的科考站，一同绘就了海洋研究的丰硕成果。

虽然目前所取得的成果已经让人非常兴奋，但这仅仅是探究全球深邃海洋奥秘的开端。1959年，一群卓越的科学家们组建了美国国家科学院海洋学委员会，并宣称“人类对海洋的了解相较于海洋的重要性，实在贫乏得可怜”。委员会建议美国在60年代必须加倍进行海洋研究；否则，“美国在海洋学中会受到威胁”，尤其在跟其他国家比较时，并会“使美国在未来使用海洋资源中处于不利地位”。

目前（译者注：1961年）计划的未来项目中，最令人神往的

---

① 原注：《我们身边的海洋》特别版中，蕾切尔·卡逊的注释已经根据文本内容附在相应位置中。

莫过于尝试深入洋底三四英尺处取样，去探究地球内部。美国国家科学院给这一计划提供了大力支持，计划深入至目前仪器所不能及的深度，探索至地球地壳与地幔的分界线。此分界线在地理学界被称为莫霍洛维奇不连续面（或简称为莫霍界面），以1912年其发现者、南斯拉夫裔科学家的名字命名。地震波在莫霍界面上展现出速度的显著变化，说明波能从一种介质传递到另一种完全不同的介质。莫霍界面在陆地中的位置比海洋中要更深，所以虽然深海海水肯定会成为明显的阻碍条件，但是海洋探测仍有希望。莫霍界面之上是由轻质岩石组成的地壳，之下则是地幔，这层厚达1800英里的物质紧紧包围着地球火热的地心。人类目前尚未完全了解地壳的组成，对于地幔也仅仅通过间接方式展开了研究。如果能真正深入地球内部并带回真实的取样，这将是地理学研究巨大的进步，帮助人类进一步理解地球的本质，也能更好地理解宇宙，因为地球的深层结构应当与其他星体相似。

不同领域专家的联合研究不断地加深人们对海洋的理解，其中有一种概念在逐渐形成，并不断加强。仅仅10年前，人们还认为深海是一片永恒寂静的深渊，黑暗里永远没有任何海水运动的打扰，这里的洋流也仅仅在缓慢蠕动，形成一片完全与海面隔绝、不同于浅海的世界。但是现实很快就粉碎了这一画面，深海其实是暗流涌动、激荡不安的所在。这时人们也开始产生一个想法，而这一想法对我们这个时代的很多问题都有令人激动的深刻意义。

从新兴的动力学观点来看，深海洋底一面接受着来自海洋大陆坡上急速倾泻而来的泥泞浊流的冲刷塑型，另一面又经受着内潮所引发的海底滑坡。洋流所带来的沉积物不断在海底山脉上填谷造峰，这一过程用地理学家布鲁斯·希曾的话来说，就是可以跟“阿尔卑斯雪崩掩盖掉其他小山头”这一过程而相提并论。

深海平原虽孤立于大陆和大陆周围浅海区域，却不断接受着来自陆地边缘的沉积积累。泥泞浊流跨越漫长地质岁月所带来的影响就是沧海桑田。这一想法能帮助我们理解一些迄今难解的谜团。比如说，为什么砂砾沉积——这一明显海岸在海浪研磨侵蚀作用下的产物——会出现在海洋中部洋底？为什么与深海平原相交的水下峡湾沉积物中会发现树木，甚至树叶的遗留物？为什么深海平原内部的泥沙中会发现坚果、枝梢，甚至是树皮？如今，人们在了解地震、洪水和风暴所引发的洋流下行沉积运动后，对这一系列谜团背后的运作机制有了更好的了解。

尽管几十年前可能就有人开始提出“海洋动力”这一概念，人们只有在借助过去10年中迅猛发展的设备仪器的帮助下，才能真正地向隐藏在深海中的运动投去一瞥。如今人们猜测海面和洋底间所有的暗黑深海中都有暗流涌动。即使是像墨西哥湾流这样强有力的海面洋流也并不是完全跟人们所料想的一样。墨西哥湾流并不是宽阔稳定的水流，而是由无数回旋漩涡的狭小的温暖激流所组成。而海面洋流下的洋流却完全不同，拥有独立速度、独立方向和独立流量。而这些洋流以下还有其他独立的洋流。深海拍摄的理应绝对静谧的洋底照片却显示出真实波痕，说明洋底处有流水在不断分层沉淀。大西洋海脊等海底山脉的山峰已被强劲的洋流削平，而每一座海底山的照片都通过波痕和冲刷痕显示出深海洋流的作用。

照片也为深海生命提供了鲜活证据。海床和洋底上的波痕上布满了某种未知海洋生物所建造的锥体，间或点缀着小小穴居生物居住的小洞。等到丹麦加拉西亚号科考船用挖掘机从深海中打捞上来活生生的生物时，人们才刚刚改变深海不可能有生命存在的看法。

这些关于海洋动力学的发现可能学术性不强，仅仅是些许细节，但却共同构成了这个人们兴趣有余而应用不足的大故事。而如今最重要的一个问题却对海洋产生了直接而即刻的影响。

尽管人类作为地球资源的管家并不怎么称职，但一直以来可以聊以自慰的是至少人类不会侵犯海洋资源，因为人类尚无能力去改变和掠夺。而不幸的是，这一想法如今过于天真。现在人类在解锁原子奥秘后，已经发现自己需要直面一个恐怖的问题：人类历史上最危险的物质，原子裂变的副产品要怎样处理？人类要直接面对的问题便是要如何处理这些致命物质才能避免地球变得无法居住。

如今，关于海洋的任何记录如果没有提及这个不详的问题，都算不上全面完整。因为海洋的辽阔和看起来的遥不可及，使需要处理这些废料的人注意到了大海。至少在20世纪50年代前，在没有经过讨论及让公众知晓的情况下，海洋被选成了这些污染垃圾和原子时代其他的“低级废料”的天然“掩埋处”。人们把这些废料垃圾装进桶内，经过混凝土固定成直线后，按照之前确定好的位置，把它们按点投放进大海里。废料垃圾有的扔到100英里以外的地方，但最近的可能距离我们只有20英里。理论上这些装有污染物的容器需要放置在约1000英寻深处，但实际上很多放置地要浅得多。假设这些容器至少有10年的寿命，之后，其中所装有的放射物质就会释放到海洋中。但这还仅仅是理论假设。美国原子能委员会的一位代表，无论是他本人曾参与投放还是许可投放，曾向公众承认这些容器甚至可能都无法承载内容物成功降落到洋底期间的压力。确实，已经有科学家在加州通过测试发现，仅仅在几百英寻的深处就有容器开始在水压下破裂了。

假以时日，投放入海的这些放射废料就会在海水中自由扩散，而随着原子科学的发展应用，未来可能出现后续污染物。如今投放在海洋中的污染物，还要再算上作为“原子废料处理厂”而受污染的河流流水，以及原子弹测试所掉落的污染物，这其中大部分都汇聚在广阔的海洋表面上了。

这些已经受到监督机构强烈谴责的行为，都是建立在很不稳固的事实根据之上。海洋学家们声称只能“模糊估计”放射性元素进入海洋后的命运，并宣布这些废料对河口和沿岸海域的影响要经过多年详细研究才能有更好的理解。而人们现在已经通过最新发现得知，海洋所有层次的活跃度都远远超出人类之前的想象。深海的搅动、巨大洋流方向交互的水平运动、深海携带着丰富矿物质从洋底的上涌，以及从海面水开始的向下沉积，所有这一切都导致了海洋的大融合过程，会将放射性污染物带到世界每一个角落。

然而，海洋本身对放射性物质的实际传输只是这个问题的冰山一角。从人类风险角度来说，放射性污染物通过海洋生物所进行的聚集和再分布过程才是更危险的。众所周知，海洋中的动植物会吸收聚集这些放射物质，但是这一过程具体细节就不为人知了。海洋中的微生物依靠海洋中的矿物质为生。如果矿物质的正常供给不足，生物组织就会利用必需元素的放射性同位素进行替代，有时放射性物质甚至在生物体内聚集到正常海水含量的数百万倍。“最大摄入量”要如何计算？更大的生物吃掉这些微小生命组织后，放射性物质就会慢慢沿着食物链传递，最终到达人类。比基尼岛核试验区周围数百万英里范围内的金枪鱼积累的放射性物质含量明显高于海水中相应物质的含量。

海洋生物通过自身的运动及迁移，进一步推翻了放射性污染物会停留在投放入海处的理论。这些微小生物会在夜间进行大规模规律性地垂直运动，靠近海面；而在白天再次潜入深海。而不论它们走到哪里，融入体内的放射性物质都会被带到那里。其他进行长距离迁移的大型动物群，如鱼类、海豹、鲸鱼等，都会加速海洋中新添加的放射性物质的传播。

这一问题远远比人类所认为的要复杂和严峻得多。自放射性物质投放后很短的时间里，研究就已经证实当时所依据的事实错误到异常危险的地步。投放污染物的扩散远远比人类认为的要快得多。先投放再研究，这是递给灾难的一封邀请函，因为一旦放射性物质进入海洋，就无法撤回，而这一错误会亘古存在。

海洋是如此地令人着迷，这里是生命最先诞生的地方，而如今又深深饱受着生命活动造成的威胁。但是不论将来有怎样凶险多难的变化，海洋会永存于世，而灾难需要生命去承受。

致　谢

要独立思考，在没有帮助的情况下面对海洋这般，如此宏大、如此复杂、如此永恒的对象，这几乎可以说是一项不可能完成的任务，我可没有试着去完成这项任务。我却得到了最慷慨、最友好的帮助，这些给予我帮助的著作也是我们目前对海洋知识了解的基石。许多海洋方面的专家曾阅读了本书中相关领域的章节，并基于自身的广泛学识提出了建议。在此，我要特别向帮助过我的朋友们表示感谢：哈佛大学的亨利・B.毕格罗（Henry B. Bigelow）教授，查尔斯・F.布洛克斯（Charles F. Brooks）教授，以及亨利・C.斯特森（Henry C. Stetson）教授；斯克利普斯海洋研究院的马丁・W.约翰逊（Martin W. Johnson），沃尔特・H.蒙克（Walter H. Munk），和弗朗西斯・P.谢帕德（Francis P. Shepard）；美国自然历史博物馆的罗伯特・库什曼・墨菲（Robert Cushman Murphy）和阿尔伯特・艾德・帕尔（Albert Eide Parr）；耶鲁大学的卡尔・O.邓巴（Carl O. Dunbar）；美国海岸和地质测量的H.A.马默（H. A. Marmer）；密歇根大学的R.C.赫斯（R. C. Hussey）；美国地理测量的乔治・科西（George Cohee）；以及迈阿密大学的希拉里・B.摩尔（Hilary B. Moore）。

此外，我还要特别感谢那些历经千辛万苦帮我找到珍贵文献，并帮我提供未出版信息和文章，以及在各种层面帮助我分担这项任务的人，他们有：挪威奥斯陆研究所的H.U.德鲁普（H. U. Sverdrup）；英国普利茅斯实验室的H.W.库珀（H. W. Cooper）；奥斯陆的托尔·海尔达尔（Thor Heyerdahl）；挪威卑尔根市渔业局海洋研究所J.W.克里斯坦森（J. W. Christensen），詹斯·埃格文（Jens Eggvin），和贡纳尔·罗勒夫森（Gunnar Rollefsen）；国际海洋勘探理事会秘书长H.布雷格瓦（H. Blegvad）先生；丹麦哥德堡海洋研究院的汉斯·佩特森（Hans Petterson）；以及美国国家研究协会的约翰·普特南·马布尔（John Putnam Marble）；美国水文局的理查德·弗莱明（Richard Fleming）；美国宾汉海洋实验室的丹尼尔·梅里曼（Danial Merriman）；美国伍兹霍尔海洋研究所的爱德华·H.史密斯（Edward · H · Smith）；美国地理测量的W.N.布拉德利（W. N. Bradley）和H.S.莱德（H. S. Ladd）；哥伦比亚大学的莫里斯·尤因（Maurice Ewing）；以及乔治华盛顿大学的F.R.福斯伯格（F. R. Fosberg）。

本书前页在纽约公共图书馆许可下使用了《*Il Mare di Amazones*》中部分地图。

我还有幸可以使用多国政府及私人机构的图书馆资源，对此我要特别感谢内务部图书馆参考馆员伊达·K. 约翰逊（Ida K. Johnson先生），他的不懈研究和全面的文献知识，为我提供了可靠帮助。

特别感谢威廉·毕比（William Beebe）先生，在他的友情鼓励下，我本人对海洋的奥秘、意义有了充分的认识，他帮助我完成了本书的写作。

特别鸣谢尤金·F.萨克斯顿纪念奖学金的资助，使我有可能进行本书的写作及研究过程。

马里兰州，银泉

1951年1月

蕾切尔·卡逊

|第一部分|

海洋母亲

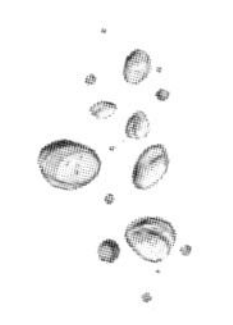

第一章
混沌起始

一切虚无而缥缈；深渊之上是一片黑暗。

——《创世记》

创世伊始，万物混沌，海洋——孕育生命的伟大母亲——也是自混沌而起。海洋到底是什么时候在地球上诞生的？人们有各种解释，众说纷纭莫衷一是。这毫不意外，都在意料之中。因为毋庸置疑，没有任何人能有幸见证海洋的诞生。然而无人见证就必然会导致观点出现分歧。所以，我在这里讲述海洋在年轻地球上的安家故事，将是一个从多方面拼凑而来的故事，还有整篇整章的细枝末节全是想象出来的。这个故事的基石就是那些地球上最古老的岩石，那些跟地球同生共长的岩石。而故事参考的其他证据都来自月球，地球的卫星的表面；还有些证据存在于太阳和璀璨星空的历史里。即使没有任何人能有幸见证宇宙诞生的动人时刻，但是，恒星、月球和岩石却在那里，现今地球上海洋的形成也确实跟这些见证者休戚相关。

我在这里写的故事至少发生在20亿年前，科学研究也告诉我们这个时间大约就是地球的年龄，也就是说，海洋跟地球几乎是同时诞生。人们现在通过测量岩石中所含放射性物质的衰变率，就能得到地球地壳中岩石的年龄。地球上所发现的最古老的岩石（在加拿大马尼托巴省发现的）距今约有23亿年之久。假若地球上的物质需要1亿年左右的时间来冷却沉淀形成地壳，那我们就可以得出结论，大约在25亿年前，地球在大爆炸中诞生了。但这只是最保守的估计，因为人们随时都有可能发现另一块更古老的岩石。[①]

年轻的地球在刚刚从太阳母亲那里脱离的时候，还只是一个充满着回旋气体的球体，这一炙热球体在宇宙的无垠黑暗中横冲直撞，剧烈的洪荒之力完全控制着它所走的路径和速度。慢慢地，这

---

① 我们针对地球年龄的界定处于不断修订中，因为人类会不断发现年龄更为古老的岩石证据，也不断发明出精确的测定方法。北美洲发现的距今为止已知的最古老的岩石化石是在加拿大地盾区域。其精确年龄尚未测得，但从马尼托巴湖和安大略湖地区发现的一些化石大约已有30亿年的年纪。甚至在俄罗斯和南非都发现了更古老的化石。地质学家普遍持有观点认为现在对地质年龄的概念将在未来不断延长。人类对不同时期的时长都已经做出了试探性更改（见后表）， 时代的定位也和10年前的研究相比延后了1亿年。在寒武纪时代之前是漫长又昏暗的悠长岁月，然而恰巧就是在这段时间里孕育着巨大的不确定性。这个时间的岩石还尚未含有化石成分。当时间尚未留下痕迹的时候，到底有哪些生命曾在地球上生活我们不得而知，尽管我们能通过间接证据推断出在岩石中呈现证据之前，生命就丰富地存在了。

地质学家们通过仅仅研究岩石本身，就成功地在历史长河中树立了几个非常重要的里程碑，如表中所示的元古代和始生代。这也说明北美洲东部那古老的格伦威尔山脉的10亿岁高龄。在那里岩石裸露在表面，就像是安大略湖区域一样，那里富含着数量巨大的花岗岩，无声证明着化石形成时生命的繁华如花，因为植物是普遍的碳元素的来源。在明尼苏达和安大略地区的平诺克山脉，即地质学家们之前称为“基拉尼”的山脉上可以得到17亿年的年龄分级。那些曾经高耸入云的山脉如今我们能见到的都成了低矮连绵的山丘。在加拿大、俄罗斯和非洲甚至发现了更古老的岩石，可以追溯到30亿年前，说明地球本身可能是在45亿年前形成的。

个带着熊熊火焰的气体球体冷却了。这些气体也开始液化，地球变成了熔岩质体。这些质体内的物质最终都按照特定的模式固定下来：最重的物质在中心，次重一些的物质围绕着中心，而最轻的物质形成了外围的边缘。而这一组成模式一直延续到今天。地心层是熔融的铁质，还一直保持着2亿年前的炙热，中间层由半塑性玄武岩构成，还有最外层的地壳——相较之下非常薄的坚硬外壳——由固体玄武岩和花岗岩所构成。

可想而知，年轻地球的地壳一定经过了数百万年的变化才成功从液体状态转变成固体状态，而且人们相信，月球形成——这件非常重要的事情——发生在地壳固化完成之前。当你在迷人夜色里散步于海滩上，凝望着海面上明亮的月光时，倾听由月亮所驱动的潮涨潮落时，请不要忘了月亮本身就是地球物质被巨大的潮汐波吸引到太空中所形成的（译者注：此学说后逐渐被学界抛弃），并且还要记得如果月亮是以这种方式形成的，那么这一事件也和海洋盆地以及我们现在所熟知的大陆板块的形成有很大关系。

新生的地球上，潮汐的存在远远早于海洋。地球表层的熔浆在太阳引力作用下如潮汐般在整个地球表面肆意翻腾。随着地壳慢慢冷却凝固变硬，这些“潮汐”才慢慢减弱，直到逐渐消失。那些持有“月球是地球之子”观点的科学家们认为，在地球形成的初期，一定是什么原因导致了这一不断翻滚的黏稠潮汐凝聚了足够的速度和动力，向上升到了难以想象的高度。这些地球上最大的潮汐目前已知产生于共振力，因为当时既是太阳潮汐形成的阶段，也同样是液体地球自由震荡的形成阶段，所以每一次太阳潮汐都被赋予了逐渐增大的动力，由于地球震荡的推动而产生每天两次的潮汐，每次都比前一次要更加巨大。物理学家们已经计算出来，经过500年这样的巨大而稳定增长的潮汐之后，那些向着太阳而去的潮汐已经变得过高，而不能够保持稳定。一个巨大潮汐波就这样被撕扯而席卷到了太空中。当然这个新产生的卫星立即就变成了应用物理定律的场所，它一直围绕着地球不断旋转，这也就是我们所称的月球。

人们有很多理由相信这一事件发生在地球地壳略微变硬之后，而不是在地壳部分呈流体状态的阶段。时至今日，地球表面还有一个巨大的“疤痕”，而这个“疤痕”或者说这个大坑就承载着如今的太平洋。根据一些地质学家的观点，太平洋海底由玄武岩构成，也就是地球中间层的组成物质，而其他大洋的海底由薄薄一层花岗岩构成，而花岗岩恰巧是组成地球地壳层的主要物质。我们立刻就想知道太平洋的花岗岩洋底去了哪里，而最容易得到的猜想就是，月亮形成时发生的剥离。而且这里也有进一步的证据，月球的主要密度远小于地球的密度（3.23相对于5.5）。这说明月球没有带走地球非常重的铁质内核，而仅仅带走了由花岗岩和玄武岩所构成的地壳外层。

月亮的诞生可能促进了地球上除太平洋之外的其他大洋地区的形成过程。当地壳有一部分被剥离出去，剩余的花岗岩表层必然会产生张力。也许就是月亮“伤疤”相对的花岗岩层恰巧开裂了；当地球沿着自转轴旋转的时候，裂痕也许就加大了，花岗岩块就开始漂流四散，走走停停，逐渐慢慢硬化成了玄武岩。玄武岩外层部分也逐渐变得坚硬，而漂移中的大陆也到了这里停歇，形成接纳海洋的中间盆地。尽管跟理论相反，但重要的地理证据似乎已经证明，如今主要的海洋盆地和主要的大陆陆地的位置，与地球早期刚刚形成时相比基本相同。

但这个故事只是猜想，因为月亮形成的时候还根本没有海洋。

逐渐冷却的地球外包裹着厚厚云层，而且云层里包含着新生星球的大部分水分。在很长的一段时间里，云层表面是那么的炎热，以至于所有的水分还没有来得及落下，就又再次转换成了蒸气。浓密云层不断地进行自我更新，曾经厚重到没有任何太阳光线能够穿透它。所以，当时的地球笼罩在一片黑暗之中，在这漆黑的世界里到处都是炎热的岩石和气体漩涡，就在这时地球表面上雕刻勾勒出了陆地的大致轮廓和空空如也的海洋盆地。

一等到地球地壳完全冷却下来，降雨就马上开始了。地球从此以后再也没有经历过这样的暴雨。这些暴雨持续不断地下着，日夜不停，成年累月，长达数个世纪。雨水流向了皲裂已久渴待甘露的海洋盆地，落到初生的陆地大洲上，汇聚形成了大海。

当雨水慢慢地填满海洋盆地时，原始海洋的体量得到了快速增长。但是在这个时候，海水里几乎还是没有盐分的。不断降落的雨水也是陆地溶解的标志，从雨水开始降落时，陆地就开始了被侵蚀溶解流入到海洋中。岩石的溶解、所含矿物质的运输、岩石碎块的漂移、矿物质溶解流入海洋等，这些都是无穷无尽不可逆转的过程，从未休止。经过了漫长的时间流逝，海洋因为大陆板块中的盐分的溶解变得愈加苦涩。

海洋如何产生了细胞质这一神秘又美丽的物质，我们不得而知。但是我们可以想象到，那温暖昏暗的海域里，生命要实现从无到有的诞生，温度、压力和盐度这些条件肯定都是至关重要、不可或缺的。无论是炼金术师用他的坩埚，还是现在科学家在实验室里都无论如何也无法复刻这三个条件相互作用所形成的结果。

在第一个活细胞产生之前，也肯定有过很多尝试和失败。在温暖而盐度适宜的原始海洋里，二氧化碳、硫、氮、磷、钾和钙组合形成了特定的有机物质。也许有机物质是复杂多分子细胞质产生的过渡阶段，而就是这些分子不知怎样的获得了能够不断再生的能力，从此进入了生命的长河。但是现在还没有人能足够聪明地说明这件事情的来龙去脉。

最初的生命物质可能有着极其简单的组织结构，就像是人们今天知道的一些细菌一样，没有动植物分界线，仅仅有模糊区分出生命物质和非生命物质的界限。最初的生命是否具备叶绿素这种物质是值得怀疑的。因为叶绿素需要在阳光下将无生命的化学物质转换成组织内的生命物质，然而在当时黑暗的地球里，几乎没有阳光能够穿透那不断产生降雨的厚厚云层而照射进地球上昏暗的世界里。也许海洋母亲的第一个“孩子”依靠海洋中的有机物质生活，或是像现存的铁细菌和硫细菌那样，直接依靠无机物来生活。

当云层开始变得稀薄，黑暗的夜晚变成了带着微光的白日时，太阳终于第一次照射到海洋上。这一次，海洋上一些漂浮的生命物质，肯定具备了充满魔力的叶绿素。只有当这些生命物质可以开始利用空气中的二氧化碳和海洋中的水分，在阳光下合成它们所需要的有机物的时候，真正意义上的植物，才第一次生成了。

还有另外一种组织没有叶绿素，但是需要有机食物维持生命。它们发现可以通过狼吞虎咽地咀嚼植物而为自己谋一条生路，由此产生了第一种动物。而且从那天起，世界上的每一种动物都延续了它从远古海洋中学到的这一习惯，所有动物都直接或者间接地通过复杂的食物链，依赖于以植物为食而获取生命力。

那漫长的时间里，陆地上都没有生命的奇迹。因为海洋里那小小的生命种子无法离开给予一切滋养一切的海洋母亲，几乎没有任何生命种子能在引导下上岸生活。那时的陆地一定是一片荒芜而又风雨不停的不毛之地，对生命的苛刻敌意远远不是语言所能描述。我们可以想象，那一片全是裸露岩石的大陆之上没有一星半点绿意覆盖，因为那是一片无土之地，没有陆地植物来帮助形成土壤，也没有植物根系来帮助土壤附着在岩石之上。我们可以想象，那一片全是岩石的大陆上，除却倾盆暴雨声和呼啸狂风声，便是一片绝对寂静的大陆。那时的大陆上没有一星半点的生命之声，因为所有岩石表面全是一片死寂。

同时，这个星球也在逐渐冷却，首先在地球的坚硬地壳形成之后，逐渐冷却的过程进入了更深的地层。随着地球内部慢慢冷却收缩，内层逐渐从外壳脱离。而地球外层也开始让自己去适应已经缩小了的内部球体，所以地壳上出现了层叠和褶皱——也就是说，地球上开始出现山脉。

地质学家告诉我们，那暗无天日的时光中，山脉构造阶段（通常被称作“革命”时期）至少经过了两个时期。可是斗转星移，山已无棱天地开合万千，如今甚至没有一块记录这个过程的岩石保留下来。而从此10亿年之后，地球地壳又迎来了第三次剧变再造之期，当时那些雄伟壮丽的山脉唯一留在今日的“幸存者”是加拿大东部的劳伦山脉，还有哈德逊湾周围一马平川的广阔花岗岩地可以作为证据。

构建山脉的时期仅仅加速了陆地风化侵蚀的进程，细碎岩石和其中所含的矿物质都流回到海洋之中。山脉上升起的物质成了大气层上层的酷寒的牺牲品，在冰雪肆虐严霜漫天的不断攻击之下，岩石不断土崩瓦解，细碎成屑。雨水猛烈地打在山丘斜坡之上，汹涌澎湃的滔滔流水急流而下的同时也带走了山脉中所蕴含的物质。当时，陆地上仍然没有附着丝毫植被，无法抵挡雨水的洪荒之力。

海洋中的生命正处于不断进化演化之中。最早的生命形式没有留下一星半点的化石资源可以让我们探究辨别。它们有可能是软体生物，没有任何硬壳能被保留下来。早期形成的岩石层经过酷热炙烤和巨大压力，到如今早已发生了翻天覆地的变化，地球地壳折叠起的褶皱里任何可能含有一星半点信息的化石早就被摧毁了。

然而在过去的5亿年间，岩石保存了化石信息。寒武纪开始的时候，生命历史长河首先在岩石上开始了历史的记载。海洋中的生命已经有了巨大的演化，所有主要的无脊椎动物群都已经演化出来了。但是仍然没有任何脊椎动物、昆虫甚至蜘蛛，也就是没有任何植物或是动物已经演化到可以进军到“禁地”——陆地——上生活。所以地质时代中有超过3/4的时间里，各陆地板块都是荒无人烟不适宜居住的，而这个时期内海洋孕育了新的生命，它们在后期能侵占陆地，并改造陆地让陆地变得适宜生命居住。同时，地球还在不时经历剧烈的颤动，火山咆哮着烈火浓烟，山脉升起不久又被磨平，冰川在地球表面来往不停，你生我长，海洋不断逼近陆地，而后又自我退却。

直到3.5亿年前的志留纪时代，陆地生命的第一批先驱才匍匐上岸。 这一先驱就是节肢动物族，这一庞大种族后来演化出螃蟹、龙虾和各类昆虫。这一先驱动物肯定有一些像现代的蝎子，但与其后代不同的是，它们从未断绝和海洋母亲之间的联系纽带，而是过着一种奇怪的半陆栖半水生生活，有一点儿像是如今在海滩上急急忙忙跑来跑去的沙蟹，时不时还要冲进海浪里湿润一下自己的鳃。

地球及早期生命演变历史表

代	纪：百万年前	山脉	火山	冰川	海洋	生命演变
新生代	更新世 0–1	海岸山脉，美国西部的地质扰动可能仍在进行中		更新世冰川期——北美、北欧地区覆盖着广袤冰原	海平面受冰川影响而波动	现代动物、植物及人类出现
	第三纪 1–70	阿尔卑斯山脉、喜马拉雅山脉、亚平宁山脉、比利牛斯山脉、高加索山脉	美国西部的巨大火山作用形成了哥伦比亚高原（20万平方英里岩浆） 维苏威火山和埃特纳火山开始喷发		陆地大幅下沉，货币虫石灰岩形成——后来用于建造金字塔	高级哺乳动物（除人类以外），高级植物
中生代	白垩纪 70–135	巴拿马洋脊中落基山脉、安第斯山脉崛起：间接形成——墨西哥湾流			海水淹没了欧洲大部，及北美洲半部；英格兰的白垩崖形成	恐龙及飞行类爬行动物最后出现，爬行动物统治陆地
	侏罗纪 135–180	内华达山脉			海洋最后一次入侵加利福尼亚州和俄勒冈州东部	鸟类出现
	三叠纪 180–225		北美洲西部包括新英格兰出现多个火山			恐龙出现，一些爬行动物返回海洋生活，原始小型哺乳动物出现

续表

代	纪：百万年前	山脉	火山	冰川	海洋	生命演变
古生代	二叠纪 225-270	新英格兰南部的阿巴拉契亚山脉	火山喷涌造就了印度的德干高原	冰川进入广阔赤道地区：印度、非洲、澳洲及南美洲	广阔海洋覆盖了美国西部：德国境内形成了世界上最大的盐矿床沉积	原始爬行动物、两栖动物退化，出现最早的苏铁植物和松柏科植物
	石炭纪 270-350				美国中部最后一次被海洋覆盖；大型煤矿床形成	两栖动物发展迅速，昆虫出现，煤炭产生植物出现
	泥盆纪 350-400	北部阿巴拉契亚山脉（海洋再也没有淹没过这部分土地）				鱼类统治海洋，最早的两栖类生物化石
	志留纪 400-440	加里东尼亚山脉（大不列颠、斯堪的纳维亚半岛、格陵兰岛——山脉只余下根部）	缅因州和新不伦瑞克省的火山		海洋反复入侵覆盖；美国东部形成了盐矿床	大陆上最早开始出现生命
	奥陶纪 440-500				目前已知北美洲最大一次下沉——大陆超过一半都被海洋覆盖	目前已知最早的脊椎动物出现，头足类动物成为海洋中的常见动物

续表

代	纪：百万年前	山脉	火山	冰川	海洋	生命演变
古生代	寒武纪 500-600				海洋反复进退，曾一度覆盖了美国大部分地区	最早的清晰化石记录可追溯至此时期；无脊椎动物各主要物种已确定
元古代	600-3000（详见211页注释）	北美洲东部的格伦维尔造山运动（只有根部留存）——约10亿年前 彭诺克造山运动（明尼苏达州、安大略湖），之前的基拉尔尼山脉——约17亿年前		已知最早的冰河世纪		无脊椎动物出现（推测）
太古代	3000（详见211页注释）	目前已知最早的山脉（明尼苏达州、安大略湖地区的劳伦山脉——只留存造山痕迹）约26亿年前 目前已知最早的沉积岩和火山岩，在高温高压作用下有了重大变化，地质历史模糊不清				生命最早出现（推测）

鱼类在志留纪河流内不断进化，身体不断变小，在流水的压力下变得更有流线型。在干旱时期，即将干涸的池塘和湖里氧气的缺乏迫使鱼类发展出鱼鳔来储存空气。一种生命形式便拥有了呼吸空气的肺部，能够在干旱时期通过把头埋进泥浆中，仅留下可以呼吸的通道而得以生存。

动物仅仅凭借自身就能成功占领陆地这件事情颇值得玩味，因为只有植物才有第一次改善恶劣生存环境的能力。植物的帮助能将细碎岩石转变为土壤，植物能在雨水冲刷之下留住土壤，不让土壤被雨水冲刷流去。慢慢地，植物们柔和地征服了那些光裸的岩石，那片片死气沉沉的沙漠。我们对第一批陆地植物几乎一无所知，但是这些植物肯定与我们已经了解的生活在沿海滩涂的大型海草有密切关系，它们都发展出了强化过的根茎和可以紧紧抓牢岩石的根状物来抵抗海浪不停歇的拖拽。也许在一些周期性潮汐涨落的沿海低地上，一些这样的植物通过与海洋分离找到了生存的可能性。这个过程似乎是发生在志留纪时期。

通过劳伦革命塑造起来的山脉慢慢都消失磨平，随着从山峰上洗刷下来的沉淀物不断积淀在低地之处，陆地板块的大部分面积都掩盖在陆地之下。海水偷偷流进陆地盆地之中并在陆地之上四处流淌。生命演变发展得非常顺利。在阳光充足照射的浅滩滩涂地区上，生命发展得异乎寻常的繁盛。但随着海水撤回到深谷之中，许多搁浅滞留在陆地包围形成的港湾滩涂之中的生物也陷入困境。这些动物中有一些找到了继续在陆地上存活的法子。当时，湖泊、河岸和沿海湿地都是动植物的试验田，在这里动植物要么变得适应在新环境里生存，要么就是消陨于世间。

随着陆地不断增多而海洋面积不断减少，一种奇怪的类鱼生物出现在了陆地上。经过数千年的演变之后，它的鳍演变成了腿，并演变出了肺这个器官取代了鳔。在泥盆纪的砂岩之中，第一个两栖动物留下了它的足印。

生命之花在海洋和陆地之中同时绽放繁荣，不断演化诞生出了新的生命形式，同时也有一些原有的生命形式悄无声息地消亡。在陆地上，演化出了苔藓、蕨类和种子植物。巨大而奇形怪状又骇人的爬行动物一度统治了整个地球。鸟类学会了如何在海洋上空飞行生活。最先出现的小型哺乳动物因为惧怕那些爬行动物只能不显眼地潜伏在地球隐藏的裂缝里。

这些演变出陆地生活方式的动物们在选择上岸生活时，它们的身体里都蕴藏着一小部分海洋秘密，这一宝贵财富也遗传给了它们的后代，甚至直到今天，每一个陆地动物都在源头上和远古海洋保留着联系。鱼类、两栖动物、爬行动物、恒温鸟类和哺乳动物——每一种生命都在血管里流淌着富含钠、钾、钙的血液，而这些元素的组成比例几乎与海水成分完全相同。这可以追溯至数不清的几百万年前，当那位遥远的祖先成功从单细胞生物进化到多细胞阶段，首先发展出只有海水作为内循环液体的循环系统时起就遗传给我们继承的财富。同样，我们的硬石灰质地的骨架也是自寒武纪时期富含钙质的大洋传承给我们的财富。我们身体中每个细胞内所充盈着的原生质甚至都蕴含着所有生命物质共享的印记，这一印记自最初的简单生物从远古海洋中走出来开始就一直蕴含在所有生命之中。因为生命本身就是从海洋中开始的，我们中每一位都是从母亲子宫内的迷你海洋里开始个人生命的启航，并且在胚胎发育阶段重复着种族生命进化的步调，从用鳔呼吸的水生生物发展到陆生生物。

一些陆地生物后来又返回到了海洋中生活。在1.7亿年前的三叠纪时期，许多爬行动物在经历了大概5000万年的陆地生活之后又进入海洋中生活。这些巨大到令人敬畏的爬行动物中有些具有可以在水中滑行的像桨橹一样的四肢，有些演化出了脚趾间的脚蹼和纤长弯曲的脖颈。这些巨大的怪物在数百万年前就消失了，但是每当我们遇到外壳上全是藤壶（满满的海洋生活特征）的大型海龟的时候就会想到这些生物。很久以后，大概不超过5000万年前，一些哺乳动物也抛弃了陆地生活而又一次投入海洋母亲的怀抱。这些哺乳动物的后代就是今天我们熟悉的海狮、海豹、海象还有鲸鱼。

在陆地哺乳动物中，有一群生物选择了一种栖息于树木上的生存方式。它们的手经历了难以置信的演变，变得能非常熟练地操纵和检查物体，并且这项技能的发展伴随着优越的脑力发展，从而弥补了这些相对体型较小的哺乳动物在体力上的短板。最终，可能是在亚洲广阔陆地内的某个地方，这群动物离开了树木又一次适应了陆地生活。然后这群生物在数百万年间又演变出身体、大脑，从而化身成具有灵魂的人类。

而最终人类又找到了他重回海洋的方法。站在海岸边，他定是曾经满怀好奇与疑问地凝视海洋，满怀对自己血统不自知的认同。人类无法像海豹和鲸鱼那样从身体上真正的回归海洋。但是经过数世纪的发展，随着大脑技能、智力以及推理能力的发展，人类不断在他所能达到的最远程度上进行着探索发现，以至于人类能够在智力和想象力上重新踏入海洋。

人类建造了能够在海洋表面航行的船只。后来人类又不断发现了降至海底低浅部分的法子，随身携带着空气，因为作为一种陆地哺乳动物他早已不再适应水生生活，他需要空气进行呼吸。在人类无法进入的深海里，徜徉着令人着迷的旖旎，人类不断寻找着继续深入的法子。人类留下渔网来捕捉海洋生命，人们创造出机械的眼睛和耳朵用来再造他们在水生世界里早已丢失的感官，在人类潜意识世界里的最深处，人类从未忘记这一神奇而却早已远离的世界。

人类只能按照自己的定义重返海洋母亲。人类不能控制或是改变海洋，即使人类在短暂租用地球的时间里，已经征服和掠夺了陆地。在城市和城镇构造的人造世界里，人类经常会忘记所生活的星球的真实本质和漫长历史，其实在这其中人类的存在仅仅只占据了其中沧海一粟的时间。尤其是在漫长的海洋旅途之中所有这些事物的感觉让人类的感受尤为强烈，当他日复一日地凝视着不断后撤的地平线，瞭望着那波澜起伏的海面波涛；当夜幕降临，他通过星空移动知晓了地球自转的秘密；又或是当他遗世独立于天水一色之间时，人类对地球在宇宙间的孤独感同身受。那时，仿佛从未在陆地上生活过一样，人类知道了这个世界的真理，这是一个水做的世界，海洋覆盖并控制着这个星球，在这个星球上各大洲仅仅是陆地在蓝色地球表面上的暂时侵略者。

第二章
海面图案

有一个人类从未知晓的甜蜜秘密
这大海，它那温柔到可怕的萌芽里
一些隐藏的灵魂似乎在诉说。

——赫尔曼·梅尔维尔

海洋中再也没有一个地方像海面一样，生命之花繁华炫目地绽放。从船舱甲板上向下望去，能看到水母一刻不停地进行着“迪斯科舞曲”的闪亮表演，目光所及全是一片波光粼粼的有序悸动。你可能会在某一天一大早就注意到，你正在经过一片赤红的海面，海面上的细小微生物数不清有多少，每一个都包含着红色颗粒物。正午时分，你仍然还在那一片火红海洋里徜徉；夜幕降临时，还是这些数以亿万计的微小生物构成了磷火，在海面闪耀着怪异的光芒。

再次惊鸿一瞥之下，你所注意的不仅仅是生命的繁盛，还有海洋生命那从不妥协的怒放。当你凭栏眺望，倏忽之间观察到清澈墨绿的海水中突然出现一群手指长的银色小鱼组成的银色流星雨。鱼群不断以捕食者望尘莫及的速度向深蓝海洋深入，疾驰而过的时候，侧鳍反射的阳光在海面上留下一片金属光泽。你可能从未见过这些捕食者，但是当你看到那些盘旋着的海鸥，你就能感受捕食者的存在，它们盘旋着并不断发出饥渴的鸣叫，等待着有小鱼跳出海面。

又或是，你已经航行数日，却没有看到一星半点能被认作生命或是生命的暗示的时候，日复一日入目皆是空空如也的海面、空无一物的蓝天，你可能会很理所应当地得出结论认为地球上再没有比公海还贫瘠的地方，不适合生命存活。但是如果你能有机会在那看起来死气沉沉的海面上撒下一张细密的渔网，并认真查看渔网内所捕捞到的东西的话，就会发现生命好似细细粉尘分布在海洋中的每一个角落。一杯海水里都可能蕴含着成百上千万的硅藻生物、微小植物细胞等，其中每一种生物对人类来说，都是微小到肉眼不可见的程度；这一杯海水中所蕴含的无穷尽的生物中，还没有一只生物能大得过一粒尘埃，而这些生物需要依靠比它们还要细小的植物来获取养分生存。

如果你能有机会在夜幕降临时分来到海洋表面，那么你就会意识到海洋里活跃着无数在白天无法看到的奇特生命。这里有那些自带灯光的小虾类动物，那些饥饿鱼类的昏暗影子，还有鱿鱼那影影绰绰的黑暗形状，它们白天在深水里昏昏沉沉，夜晚不断活跃在月光下。挪威民族学家托尔·海尔达尔（Thor Heyerdahl）在现代最不寻常的一次旅程中首次发现这些动物之前，人们对它们都是一无所知。1947年夏天，海尔达尔和他的5名同伴乘着一只轻木筏漂流4300英里横渡太平洋，来验证波利尼西亚原住民可能是通过木筏自南美洲漂流而来的理论。海尔达尔一行人在海上漂流了101个日日夜夜，在信风的驱使下，在赤道洋流强有力的推动下，跟海洋动物一样在信风和洋流的叠加作用之下，势不可当地一路向西而去。因为海尔达尔先生能有机会真正地作为海面上的一部分进行百余天的生活，他有着令人嫉妒的机会去观察海面上的生命。我曾询问过他对海面生命的印象，尤其是当夜幕降临时的海面。海尔达尔先生是这样回复我的：

> 小鱿鱼群主要会在夜晚像飞鱼一样冲出水面从空中划过。它们有时能跳出海面高达6英尺高，等到耗尽所有在水下积聚的能量后，它们又会无助地落回海里。从远处看它们不断拍击水面滑行的时候，特别像小型飞鱼，以至于一开始我们都没有发现这一幕有什么不同寻常，直到有一天，一条活生生的小鱿鱼正好落到我们队伍里，刚好落在甲板上。几乎每天晚上，我们都能在甲板上或是竹子船舱顶上发现那么一两条小鱼。
>
> 一般而言，我们会明显感觉到，与夜幕时分相比，海洋生物在白天会潜入更深的深海。而且随着夜色愈浓，我们身边的海洋生物就愈多。有两次，一种蛇鲭属的蛇形鲭鱼高高跳出水面正好落在我们的木筏上（其中有一次正好掉在我们的小屋里）。在此之前，从没有人能见到活生生的这种鱼，人们只在南美洲和科隆群岛那里发现过冲上岸的鱼骨架。鉴于这种鱼类拥有巨大的眼睛，还有人类之前从未观察到的事实，我倾向于怀疑这是一种只在夜晚时分才会跳出海面的深海鱼类。
>
> 深夜里，我们能见到那么多根本无法辨别种类的海洋生物，似乎都是只有在夜晚时分才会接近海面的深海鱼

类。一般来说，我们只能看到一个模模糊糊散发着磷光的身体，常常能有餐盘那么大。但是我们至少有一个晚上，发现了3个巨大而又不规则的生物，其身体不断在变换形状和维度，它的大小似乎已经超过了木筏（我们的康蒂号有45英尺乘18英尺大）。除了这些巨大的生物之外，我们有时还观察到数量极多的散发磷光的浮游生物，经常还包含着自发光的桡足动物，其大小只有1毫米。

海洋中各个部分的生命就是通过这样的海平面，通过一系列精心地适应调整并相互连接的关系紧密联系在一起。阳光可以照射到的那部分海面中生长的硅藻身上所发生的事情可能会决定生长在数百英寻之下的岩石密布的峡谷暗礁里的鳕鱼的变化，或是会影响到早已沉入海底的船舱上生活着的那一层拥有美丽羽毛的海蛀虫，甚至会影响到黑暗的深海达1英里的海床软泥里匍匐爬行的明虾。

海洋动物们得益于显微植物的活动，从而有机会获得海水所蕴含的丰富矿物质宝藏，当然这其中要数硅藻的活动最为重要。许多海洋原生动物、甲壳纲动物（如龙虾）、小螃蟹、藤壶、海蛀虫和鱼类等都是直接以硅藻及其他微小单细胞藻类植物为食。小型肉食动物会成群结队地随着食肉食物链里最先出现的环节——平和的食草动物的移动而迁移。这些小小的肉食者里有半英寸长却凶猛异常的小型龙型兽，还有尖牙利嘴的箭虫，还有看起来像醋栗一样却长满了贪婪触手的栉水母，还有能用自身的刚毛附器从海水中过滤出食物的小虾状磷虾生物。洋流把植物们送到哪里，这些动物们就跟到哪里，它们既没有意愿也没有能力去反抗海洋母亲。这一不断维系着海洋植物和海洋动物的生物集合被称为“浮游生物”，这是一个从希腊语演变而来的词，本义是“流浪漂泊”。

食物链由浮游生物开始，逐渐延续到以浮游生物为食的鱼类种族，如鲱鱼、鲭鱼等；食物链又延伸到了以鱼类为食的大型鱼类，如竹荚鱼、金枪鱼和鲨鱼等；而后又延伸到了鱿鱼这样的深海捕食者；最后延伸到了巨大的鲸鱼，它们会以鱼类和虾类为食，或是会捕食一些小型浮游生物，这要取决于所属种类，而非体型大小。

虽然我们平常人认为根本无法追踪标记海洋表面，实际上，海面上分布着绝对分区。海洋生物在海面洋流的控制下进行着固定分布。不论是鱼类还是浮游生物，鲸鱼还是鱿鱼，海鸟还是海龟，所有这些生物都跟海流的某种特质之间有着不可打破的纽带联系——有可能取决于海流是温暖还是冰冷，有可能取决于海水是清澈还是混浊，有可能取决于海水富含的是磷质还是硅质。这一联系对于位于食物链上层的生物来说，并不是这么直接，因为它们会跟食物资源丰富的水域间有紧密联系。而这些水域里那些即将成为他者口食的生物们之所以会选择在危险环境里生存，也正是因为这里的水质条件适宜生存。

不同海域之间可能会有阶梯式的突变。这一变化可能是当我们的船在夜间航行时跨越那一隐形界限时就悄悄地在我们视界之外发生了。就像当年，查尔斯·达尔文曾乘坐着小猎犬号从南美洲海岸出发，穿越热带海域，于月黑风高之时抵达了那冰冷的南极海，然而就在一瞬间，数不清的海豹和企鹅紧紧围在了船只周围。它们发出的巨大又奇怪的噪音引发了大混乱，以至于值班船员都蒙了，还以为由于计算错误，船已经偏航至靠近海岸的地方。他甚至还以为自己听到的噪音是牛群在哞哞地乱吼。

海面颜色，是人类所能意识到的最明显的海洋标志物。远离岛屿陆地的远海呈现出的是空旷荒芜的深蓝色；近海海水却呈现着不同色调的碧绿色，这是代表生命的颜色。海水的蓝色是在阳光经过海水分子或悬浮在海洋中的极细小微粒的反射吸收后所呈现的。阳光穿透深海的过程中，光谱中所有的红光和大部分黄光都被海水吸收了，所以当光线回到我们的眼睛时，基本上只能看到剩下的清澈蓝光。当海水富含浮游生物时，这种玻璃般的透明性就不复存在，阳光不能穿透到深海。近海海水的黄色、棕色、绿色色调都是来自细小水藻和海水所富含的其他微小组织。某些富含红色或是棕色色素的特定组织会在特定季节里在海水中富集，这些都可能导致"红水"现象。"红水"现象自古就在世界诸多地区出现，甚至一些特定封闭海域由于这一状况的普遍出现而得名，比如说红海。

海洋颜色只能间接说明海水是否具有支持海面生物生存的条件。人类肉眼观察不到的其他一些海洋区域，才真正地主导决定海洋生物是否存活。海洋绝对不是均衡的海水溶液，海洋中一部分海水可能跟其他部分相比盐度更高，某些部分温度可能相对更高或是更低。

世界上盐度最高的海正是红海，在那里烈日灼烧、热浪滚滚，因此所产生的海水蒸发效果更为剧烈，以至于海水盐分含量高达40‰。马尾藻海域的空气温度相当高，并且由于其远离陆地没有什么河水或是融化了的冰水回流进来，马尾藻海成了大西洋中盐度最高的海区，而且不要忘记，大西洋本来就是诸个大洋中盐度最高的大洋。极地海洋正如人类所设想的一样，是盐度最低的海区，因为不断有雨雪融冰持续地稀释着极地海洋。美国的大西洋海岸，海水盐度范围低至科德角的33‰，高达佛罗里达海的36‰。海泳爱好者们可以轻易直接地感受到这一差异。

海水温度范围低至极地海洋的28华氏度，高达波斯湾的96华氏度，波斯湾内有着世界上最炎热的海水。海洋生物几乎没有例外地早就将身体温度调整到适应周围海水，而这一温度跨度是巨大的。海水温度的改变可能是控制海洋动物分布最重要的一个条件。

美丽的珊瑚礁就是一个完美例证，说明温度就是导致特定海区适宜某些特定生物居住的原因。如果你手边正好有张世界地图，不妨在赤道两侧北纬30度、南纬30度各画一条线，你所勾勒圈出的范围大体上就是目前能找到珊瑚礁的区域。北极圈海域内确实发现了古代珊瑚礁的残留物，但这仅仅意味着在过去的一些时代里，北方海洋的气候曾经是热带气候。珊瑚礁的钙质结构只在最低水温不低于70华氏度的海域内形成。地图上的范围必须要向北做一个延伸，因为墨西哥湾暖流为北纬32度的百慕大的珊瑚礁带来了足够温暖的海水。而另一方面，我们必须要从地图上的热带区域带里抹去南美洲和非洲西海岸的大部分地区，这里从深层海洋中不断向上涌的冰冷海水阻挡了珊瑚礁的生长。佛罗里达东海岸的大部分地区都没有珊瑚礁生长，因为在海岸和墨西哥湾暖流之间不断有向南流的冰冷洋流。

热带和极地区域之间的生命种类和丰富度可谓是千差万别。热带地区的温暖海水加速了生命的繁殖生长过程。冰冷海域内只能让一代生命成熟的时间里，热带海域内早已繁衍了好几代生命，所以热带海域在一个特定时间段内会有更多机会产生基因突变，热带生命也由此丰富到令人眼花缭乱的地步。然而单单看任何一种物种来说，越是寒冷的地区，生物个体数量反而越多，因为冰冷海域里含有更丰富的矿物质。热带海面上也没有挤满密集成堆的浮游生物，比如说像大西洋的桡足动物等。热带海域中浮游或者说自由游动的生命形式，更多地生活在更深的深海中，所以对于海面上的捕食者来说，可以采食的食物更少。因此，在热带地区海鸟在丰富度上无法跟那远在北方或是远在南方的渔场上盘旋的成群海鸥、管鼻燕、海雀、鲸鸟、信天翁或是其他鸟类相比。

极地海洋的寒冷海域内，几乎没有生物拥有浮游幼体阶段。一代代的生命选择在父母身边安家落户，所以区区几种生物的后代就能覆盖住海底的大部分面积。巴伦支海上一艘科考船曾仅仅用1张渔网就打回了1吨多的硅质海绵，斯匹次卑尔根岛东海岸上只有1张环节动物蠕虫，可它们却像地毯一样成片成片地展开。寒冷海域上覆盖着桡足动物和浮游蜗牛，默默地引诱着鲱鱼、鲭鱼、鸟群、鲸鱼和海豹等捕食者的到来。

热带海域的海洋生命密集分布，富有活力，种类无穷无尽。而在寒冷海域，生命延续的脚步由于所处海水的冰冷有所放缓，但是这里海水的矿物丰富度（很大的原因是因为季节性海水对流和持续混合所造成的）促使这里的海洋生命形式可能达到了空前繁荣。多年以来人们一直斩钉截铁地认为，极地海洋中愈加寒冷的温度比热带环境具有更高的生产能力。如今，这一论断的各种重要例外都清晰地为人所熟知。一些热带和亚热带海域中，有不少地方所拥有的生命繁荣度可以与大浅滩、巴伦支海或任何南极捕鲸场相媲美。从南美洲西海岸开始的洪堡海流和从非洲西海岸开始的本格拉海流也许就是最好的例子。这些洋流不断从海洋深处上涌所带来的富含矿物质的冰冷海水提供了维系良好食物链的肥料物质。

两个洋流不论在哪里相遇都会引起该海域内湍激不安，尤其是当两个洋流在温度或是盐度等方面有巨大差异时，海水不断下沉或是从深处上涌，在海洋形成不断变化的涡流和泡沫线。海洋生命会在这样的地方更显著地突出物种的丰富密集。S.C.布鲁克斯曾乘船横渡太平洋暖流和大西洋暖流的必经之路，他目睹了生命的不断变换，他曾在书中如此生动地记录道：

赤道附近，稀疏的积云变得更加乌黑浓密。大雨呼啸而来呜咽而去，这时鸟儿们华丽登场了。起初，我们只能看到数量众多的小海燕。海面上到处点缀着各种各样的小海燕，它们在专心捕食，完全无视我们的船只。渐渐地，有一小群热带鸟类开始与船一起飞行，在船的一侧或高空飞行。然后就出现了各种各样海燕的鸟群，四面八方都有不同的海鸟，这会持续一到两个小时。如果你离陆地不太远，比如说就像马克萨斯群岛以北的南赤道暖流那里一样，可能只相距几百英里，你也可能会看到大量的烟灰燕鸥或凤头燕鸥。有时候，人们甚至会看到灰蓝色鲨鱼的滑翔形态，或者是一头大大的紫褐色锤头鲨鱼正在懒洋洋地不断扭动，仿佛在试着寻找更好的角度去观察船只。飞鱼虽然不像鸟儿那样分布得那么密集，也会每隔几秒就冲破水面，并通过大小、尺寸、形状和滑稽动作的无数变化来蛊惑观察者，更不用说它令人眼花缭乱的颜色，有的是深褐色，有的是蛋白石蓝色，有的是黄色，还有的变成了紫色。然后太阳再次出现，海洋呈深蓝色，鸟类变得越来越稀少，随着船只移动，海洋逐渐恢复其沙漠般的寂寥状态。

如果海面上一直是白天的话，类似这样的惊人过程可能会出现两次，甚至可能是三四次。科学研究很快就表

> 明，这一过程说明了船只经过大洋流边缘……
>
> 在北大西洋的船只航线上，同样的“戏码”却雇用了不同的“演员”来演绎。这里当然没有赤道洋流，可是墨西哥湾流及其分洋流、北大西洋洋流和北极洋流代替赤道洋流继续发挥作用；我们看不到乌云密布和倾盆大雨，但是能看到光滑的海面和海雾弥漫。贼鸥取代了热带鸟类继续发挥作用；还有那不同种类的海燕群（在这里通常是剪水鹱和管鼻鹱），往往会成群结队地飞行或游泳……在这里，人们或许很难看到鲨鱼，但是能更多地观察到成群结队的海豚不断跟船头破水的速度竞争或是顽强地朝着我们永远也猜不到的目标极速前进。年轻的黑色或是白色的逆戟鲸一闪而过，或者是远方鲸鱼突然迸发冲刺或是一直懒散地漂流，都将自己的生命赋予了海面，就像自热带传统家园远走他乡的飞鱼的滑稽动作一样……一个人可能会跟马尾藻一起沿着蓝色洋流顺流而下，也许海面上随处可见葡萄牙军舰五光十色的浮标跟成千上万的水母一起流入北极洋流的灰绿色水域，并在几个小时后再次汇入洋流。每一次，人们都可能会在海面边缘地区见证到生命的繁盛，这使得大浅滩成为世界上最伟大的捕鱼区之一。[①]

海洋中部的地区一般都是以海洋盆地周围的洋流为界的海洋沙漠。这里几乎没有鸟类和以海面捕食为生的鱼类存在，并且这里确实没有什么浮游生物可以吸引它们。这里孕育的生命主要局限在深

---

① 来自《康多尔》，第三十六卷，第五册，1934年9—10月，第186—187页。

海区域。马尾藻海则是一个例外，与其他海洋盆地的反气旋中心完全不同。因为马尾藻海与地球上其他任何地方都有很大的不同，人们认为这可能是一个绝对地理区域。马尾藻海的北部边界从切萨皮克湾口一直到直布罗陀，南部边界从海地一路延伸到达喀尔。马尾藻海位于百慕大，延伸至大西洋中部，整体海域面积大致与美国国土面积一样大。马尾藻海及其传说已久的所有帆船恐怖失事故事，都是拜北大西洋洋流所赐。北大西洋洋流包围住了马尾藻海，并带入了数百万吨的浮游马尾藻种子，这片海也就从这些种子所繁衍出的植物中得名，还有所有生活在杂草中的怪异动物组合。

马尾藻海是一片被风所遗忘的海域，不论多强大的海流都带不来冲击影响。阴云密布的天空下，马尾藻海海水既温暖而又咸得浓重。鉴于马尾藻海与沿海河流和极地冰川完全分离，没有任何淡水流入去淡化其咸度；唯一流入的水流是来自邻近海域的盐水，特别是从美国流到欧洲的墨西哥湾流或北大西洋洋流。随着细小洋流的加入一并而来的是已经在墨西哥湾流中漂浮数月甚至数年的植物和动物。

马尾藻属有几种不同种的褐藻。大量海藻生长在西印度群岛和佛罗里达海岸附近的珊瑚礁或裸露岩石上。这片海域上，暴风雨会摧毁许多植物，特别是在飓风季节。墨西哥湾流会裹挟着这些植物残骸一起向北漂移。一旦海藻离开了这里，那些不是自愿生活在这里，只是借用珊瑚岩石和海藻宝地而生活的小鱼、螃蟹、虾，以及各种各样海洋生物的无数幼虫也都随之而去。

那些曾经依靠马尾藻生活的动物要进入一个新家生活，这时有趣的事情就会发生。它们曾经住在靠近海边的地方，也就是距海面几英尺或几英寻以下的地方，从未远离过坚实底部。这些动物摸透了海浪和潮汐的节奏运动，所以它们可以随意离开海藻庇护所，不断在海底爬行或游弋来寻找食物。而如今，这些动物们要在海洋中部，一个全新的世界里生活。海底距离这些动物可有遥远的两三英里呢，那些游泳不佳的小动物们必须紧紧抓住海草，海草如今就意味着“救生筏”，在深渊之上支撑着它们。一些动物自从祖先来此生活以后已经发展出了特殊的附着器官，这样无论是动物本身还是卵子都不会陷入那冰冷幽暗的深海里。飞鱼可以利用海草结巢下蛋，这点与马尾藻浮游生物有着惊人的相似之处。

事实上，生活在海草丛里的许多小型海洋动物似乎在玩一场精心设计的伪装游戏，每次伪装都是为了避人眼目。马尾藻海蛞蝓—— 一种没有贝壳的蜗牛——的棕色柔软身体没有固定的形状，身上布满着黑边的圆圈并且到处是像流苏一样的皮瓣和褶皱，因此它在海草中寻找猎物时，几乎不能从植被中区分出来。马尾藻鱼，这片海域里最凶猛的食肉动物之一，就非常忠实地复制了海藻的样子，包括繁茂的枝叶、金黄色的浆果还有丰富的棕色色调，甚至还有包裹着蠕虫的白色圆点。所有这些精心设计的模仿都说明了马尾藻海草中激烈的内部战争，这些战争没有季节变换，也不会对弱者或粗心者施加怜悯。

在海洋科学方面，针对马尾藻海漂流海草的起源一直存在争议。 有人认为，不断从沿海海床上掉落的海草维持了营养供应；另一些人则说，西印度群岛和佛罗里达州的相当有限的马尾藻田不可能提供产生这样大面积密集的马尾藻生长区域。他们认为，人类如今在这里所看到的马尾藻是已经适应了公海生活的一个可以自我延续的植物群落，不需要任何根系或持久植物来附着，并且能够无性繁殖。这两种想法可能都有道理。每年确实都会出现少量的新植物，而如今它们覆盖了广阔的区域，因为一旦到达大西洋这个安静的中心区域，它们就可以存活很久。

这些离开西印度海岸的植物大约需要半年的时间才能到达马尾藻海的北部边界，也许还要经过几年它们才能进入马尾藻海的内部。与此同时，一些植物被暴风雨吹到了北美海岸，另一些植物则在从新英格兰海穿越大西洋的途中遭遇墨西哥湾流与北极水域相遇产生的寒流而死亡。对于能平安到达马尾藻海的植物来说，从此就开始了人类视觉上的生命不朽。美国博物馆的A. E. 帕尔先生最近表示，根据不同物种，个体植物可以存活几十年，甚至一些植物可以存活长达几百年。也就是说，你如今在这里可能会看到的一些海草是哥伦布和他的朋友们曾经看到过的。在大西洋心脏这里，这些海草无休无止地漂荡着，成长着，不断通过无性繁殖分裂的方式繁衍着。显然在这里，几乎所有死亡的植物都是因为不幸漂流到了马尾藻海边缘附近的不利条件下，或者随着洋流向外流出了。

因为每年都有来自遥远海岸的海草的加入来平衡这种损失，总量基本上得以维持平衡。如果说想要清算现存海藻的数量，那必须花费大量时间，据帕尔先生估计大约有1000万吨。而且这些海藻当然是分布在一个如此大的区域内，并且马尾藻海的大部分属于公海。静静等待困捕船只的密集海藻田只存在于水手的想象中，从来没有存在过，而那些永无尽头地附着在海藻上漂浮着的船只残骸只是从未真实存在过的东西。

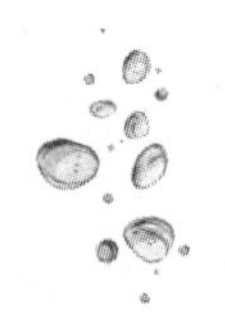

第三章
流年变换

经年流转，四季轮回。

——弥尔顿

光阴荏苒，日月如梭。但在浩瀚无垠的海洋面前，时间如过眼云烟，消散无痕。其实，海面总是在不停地变化，与众不同。海面的姿态在色彩与光影的交相辉映之下，瞬息万变，在阳光下会呈现波光粼粼，在黄昏中又显得神秘莫测。海洋表层海水与潮汐结为一体，跟随风的气息同起同落，潮涨潮落永无尽头。尤为重要的是，海洋表层海水会随着四季更替而变化不迭。当春天跟随着洋流的步伐，满载着新生命来到北半球的温带大陆时，所过之处，绿芽微吐，鲜花绽放，还伴随着北燕回巢的啼鸣。行动迟缓的两栖动物也开始苏醒，青蛙合唱团开始在潮湿的土地中一次又一次唱响；一个月前还是光秃秃的树枝，现在满是嫩叶，被风儿吹得唰唰响，这一切都在彰显着生命所独有的奥秘和意义。我们很容易把这样的景象和大地联系在一起，理所应当地以为海洋没有这样的春天。但生命的痕迹就在那里，如果人们能换一种理解的眼光去看，同样可以感受到生命苏醒的神奇。

海洋里的春天，如同在陆地上一样，是万物复苏的时刻。温带地区那漫长的冬季里，海洋表层海水已经充分浸染了寒冷，一旦到了春天，沉重的海水开始下沉，取代了海洋下面那些更为温暖的海水。海洋大陆架底部不断积累着丰富的物质储备——有些是沿着陆地河流漂过来的、有些是海洋生物死亡后遗体落到海底积累的，有些是曾经包裹住硅藻、放射虫的流动原生质或透明翼足组织的外壳。大海不会浪费任何东西，每一粒物质分子都会被反复利用，从一个生命转移到另一个生命身上。每当春天来临的时候，海水剧烈翻涌，将大陆架底部丰富的矿物质通过温暖的底层水带到了大海表面，准备好让新的生命形式再次利用。

正如土地植物依赖于土壤中的矿物质才能得以生长一样，每一种海洋植物，即使是最微小的植物，也必须依赖于海水中的营养盐或矿物质才能得以生存。硅藻必须依靠二氧化硅这种化合物才能塑造它们脆弱的外壳。磷元素对于所有微型植物来说都是一种不可或缺的矿物质。还有一些元素可谓是供不应求的紧俏货，在冬季时甚至可能会低于增长所需的最低限度。硅藻们必须竭尽全力才能安然度过这个季节，它们面临着一个严峻的生存问题，如何延续生命的种子。这些种子已经没有机会去增加数量了，只能通过形成严密的孢子来保护种子。这一严密的孢子已经储蓄了生命按最低程度维持所必需的物质，能用休眠状态存在于酷寒的冬日里来守护种子。因此，硅藻在冬季的海洋中能始终保有一席之地，就像冰雪田野中的小麦种子，等待着春天的到来生根发芽。

这些就是造就海洋春季绽放的元素：休眠植物的种子、矿物质肥料，还有春日里温暖的阳光。

海洋中最简单的植物在突如其来的苏醒之后，开始以不可思议的速度进行繁殖，增长速率是以天文数字计量的。硅藻和所有其他浮游生物的微型植物会首先占领春天里的海洋。它们经过剧烈密集的生长发展之后，用自己鲜活细胞编制而成的毯子覆盖住广阔的海面。海面上可能会出现绵延数英里的红色、棕色或绿色区域，整个海面会呈现出每个植物细胞中所含的无限细小色素颗粒的颜色。

大家普遍认为这些植物只能在海面称霸极短的时间。它们爆发式的增长几乎会立即引发浮游类动物群出现类似程度的增长。这个时间恰好是桡足类箭虫、远洋虾和有翼蜗牛的产卵时间。漫步在海水中的饥饿的浮游类动物群会用这些丰富的植物补充营养，同时在不知不觉间又成了身后捕食者的口食。春天的海洋表层海水变成了一个巨大的苗圃。来自遥远大陆边缘的山丘、山谷甚至分散的滩涂、海岸的许多海底动物的卵或幼子都逐渐浮现在海面上。即使那些成熟后会安享海底安静生活的动物，在生命的头几个星期里也会为了猎捕浮游生物而自由游弋。因此，随着春天的脚步越来越近，每天有新成熟的幼虫浮上海面，鱼类、螃蟹、贻贝和管虫的幼虫会与浮游生物的正常队员一起玩耍一段时间。

这片海洋“草原”在持之以恒又不加限制的贪婪“放牧”之下，很快就枯竭了。硅藻和其他简单植物都变得越来越稀少。海面仍然有另一种形式的短暂爆发，那就是当藻类细胞突然决定进行分裂狂欢时，它会要求独自拥有整个海域。因此，每个春季里都会有一段时间，海面上全是这些棕色、果冻状的“污染物”。渔民的渔网上找不到任何一条鱼，而全是这种棕色的黏液，鲱鱼仿佛因为厌恶这又黏又臭的藻类已经离开这些水域。但是，棕囊藻在春季的绽放期还没从新月撑到满月，就已经过去了，海面上又恢复了明澈。

在春天，大海上充满了远道迁徙而来的鱼类，其中有些鱼的目的地锁定在大河汇入口，在那里它们会浮上水面来产卵。比如说，奇努克鲑鱼会在春天里从太平洋深处的觅食场一路远行到哥伦比亚河中去跟翻滚的水流搏斗；鲱鱼会进入切萨皮克河、哈德孙河和康涅狄格河；大肚鲱鱼不断寻找新英格兰沿海的百余条溪流；三文鱼觉得它们能自己回到佩诺布斯科特河和肯尼贝克河。这些鱼经过数月甚至数年的时间已经足够了解海洋的广阔。如今鱼儿们在海洋春天和成熟繁衍的引导下，又再次来到了自己曾降生过的河流中。

其他神秘儿的来来往往也都与经年四季流转息息相关。毛鳞鱼在巴伦支海那冰冷幽深的海水中聚集起来，这些鱼群随之成了鳕鱼、管鼻鹱和三趾鸥群的捕食对象。鳕鱼靠近罗弗敦河岸后，开始聚集于爱尔兰海岸。鸟儿们在冬天捕食范围可能包含整个大西洋或整个太平洋，可如今都聚集在一个小岛上，几天之内整个繁殖种群都会到达。成群成片的磷虾正在产卵的沿海岸边的斜坡上，鲸鱼会突然出现，没有人知道这些鲸鱼从哪里来，也没有人知道它们要去往哪里。

随着硅藻的沉降，许多浮游类动物和大部分鱼类都完成了产卵，海洋表层海水的生命发展速度随着漫长仲夏的到来而变得缓慢。成千上万的海月水母沿着洋流汇聚的方向聚集而来，在海面上形成了长达几英里的蜿蜒曲线。鸟儿们低头一看，在碧绿的海水中能看到自己苍白的影子在闪闪发光。仲夏期间，大红霞水母可能已经从顶针那么大长成了像伞一样大。巨大的海蜇在海中有节奏地脉动着，拖曳着长长的触须，说不定还牧养着一小群年轻的鳕鱼或黑线鳕。这些鱼儿可以在水母的伞膜之下找到庇护所，随着水母一起旅行。

夏日的大海经常被强烈、辉煌而又令人振奋的磷光点亮。对于富含原生动物的海域来说，夜光虫正是夏季大海发光的主要原因。这样一来，鱼儿、鱿鱼甚至是海豚都穿上了粼粼发光的衣服，像不断燃烧的火焰一样在海面上追逐赛跑。夏日的大海可能会有瑰丽的光柱在闪耀着，就像一群巨大的萤火虫穿过黑暗的夜空。那是由一种闪亮的北方磷虾在海面产生的白色波纹气泡所形成的，这一种寒冷而黑暗的生物从冰冷的深水中随着翻涌的海水来到了海面上。

这是自早春以来，北大西洋的浮游生物草原上第一次听到粉红色瓣蹼鹬的婉转啼鸣和那褐色小鸟叽叽喳喳的叫声。这些瓣蹼鹬已经陆续在北极苔原上安家养儿育女，而现在第一批已经长大的鸟儿就要返回大海母亲的怀抱。它们中的大多数将继续越过远离陆地的公海向南飞，穿过赤道进入南大西洋。在那里，这些肥壮鸟儿将追随巨大鲸鱼的脚步，寻找鲸鱼所在的地方，还有它们所钟爱的食物——浮游生物群。

随着秋季的到来，海洋还发生了其他变化，一些发生在海洋表面，一些隐藏在碧绿海水深处，这些碧绿的海水预示着夏天即将结束。在白令海上雾蒙蒙的海水中，海豹群正在沿着阿留申群岛向南，一路穿过危险重重的通道向着开阔的太平洋不断前行。它们身后是两座火山灰堆积而成的小岛，那是没有花草树木的荒芜之地，还不断地有白令海水的涌入。现在这些岛屿都非常安静，但在夏季的几个月里，岛屿上回响着数百万只海豹涌向岸上来生养抚育幼崽的呼啸声——东太平洋的所有海豹都挤在这几平方英里的裸岩和摇摇欲坠的泥块上。如今，海豹们再次转向南方，沿着海岸边那陡峭的水下悬崖前行，从那岩石地基里陡然没入大海深处。在深海里那比北极冬季更绝对的黑暗中，海豹们将会找到丰富的食材。

秋天来临之际，海面上闪耀着磷光，每一个波涛都在熊熊燃烧。整个海面随处都可能会淬出那冰冷的火光，而海面以下的鱼群则像熔融金属灌入海水。秋季磷光通常是由甲藻的秋季开花引起的，它们经过短暂的春季开花阶段后得到了大量繁殖。

有时候海水发光带有不祥的意味。在北美太平洋沿岸，这可能意味着海中充满了甲藻门的膝沟藻，这种微小植物含有一种奇怪而可怕的毒素。膝沟藻大约用4天的时间就能征服沿海浮游生物，并使得附近的一些鱼类和贝类变得有毒。这是因为，它们能通过正常喂养过程将有毒的浮游生物排到海面上。贝类会在肝脏中积累膝沟藻毒素，这个毒素对人类神经系统也会起作用，其作用类似于番木鳖碱。因此人们普遍认为，当夏季或秋季早些时候太平洋沿岸有丰富的膝沟藻时，去暴露于公海的海岸打捞贝类为食是不明智的。印第安人早在白人来临之前就一代代间口耳相传这个信息。一旦海中出现了红色条纹，并且在夜间闪烁着神秘的蓝绿色火焰波浪时，部落首领就勒令禁止捕捞贝类，直到这些警告信号过去以后才能开海。他们甚至在海滩上每间隔一段距离就设置警卫，警告岛内无法读懂海洋语言的人不要误捕捞贝类。

但是，海面产生的火焰和闪光无论对动物来说意味着什么，通常都对人类不构成威胁。我们在广阔海洋和天空世界随便选择一个小型人造观测点，比如说从公海中随便一艘船的甲板上进行观测，就能观测到令人叹为观止的超凡脱俗画面。人类出于自己的虚荣心，潜意识地将所有除月亮、星星或太阳以外的光线都归因于人类行为。海滨上的灯光，在海面上不断移动的灯光，意味着有人为点燃及控制，以图实现人类头脑可以理解的目的。然而在这里，或闪烁或消弭的亮光对人类来说毫无意义，那些光在没有人力进行模糊又不安的改变之前就已经这样存在。

查尔斯·达尔文曾经也在这样一个磷光闪现的夜晚里，站在小猎犬号的甲板上，从巴西海岸南下穿过大西洋。

> 海洋在极度光亮中呈现出奇妙而美丽的样子（他在日记中写道）。白天里每一滴海水都成了泡沫，闪着淡淡的光芒。船只在航行的过程中，船头在海面上劈开了两波汹涌而又粼粼闪光的水浪，而在船尾后留下一列乳白色的波浪水花。目所能及的所有波涛都在闪闪发光；而反射光之下，地平线上方的天空并不像天空其他部分那样完全黑暗。几乎不可能用肉眼观察，因为这一场景很快就在温度上升之下消融，还没来得及仔细回味弥尔顿对混沌和混乱的描述就不见了。[①]

秋季海洋的磷光就像秋天树叶凋枯褪色之前的炽热的颜色一样，加速了冬季的到来。鞭毛虫和其他微小的藻类在短暂的生命更新之后数量逐渐减少，虾及桡足类动物、玻璃虫和栉水母也是如此。海底动物群的幼虫早就完成了生长发育，并逐渐慢慢移动去占领属于自己的生长领地。即使不断徘徊的鱼群也都已经离开了海洋表层海域，迁移到了更为温暖的纬度地带，或是在沿大陆架边缘那深沉宁静的深海中找到了同样温暖的替代地。它们将在那里迎接半冬眠的火苗，一直持续到冬季结束。

---

① 诺拉·芭洛：《达尔文在贝格尔舰上的旅行日志》，1934年，剑桥大学出版社，第107页。

海洋表层海域现在成了冬季大风的玩具。随着风势渐长，巨大的风浪和波浪也逐渐逼向高峰，溅起无数水花泡沫，水雾飞溅，似乎任何生命都一定会选择抛弃这里。

约瑟夫·康拉德曾详细描述了海洋在冬天里的大脾气：

> 无垠海面上一片灰蒙蒙，刻刀般的大风留下了沟壑纵横的波浪、大量的泡沫，像纠缠在一起的白色锁一样晃动挥舞着，让大海看起来如此苍老。无趣而又晦暗，仿佛海洋远远早于光的创造。①

但希望的象征从未匮乏，即使在冬日海洋的晦暗和黯淡中。我们知道冬季里陆地上的了无生气只是一种错觉。如果我们仔细观察一棵树上那光秃秃的树枝，纵然不能在上面找到一星半点最微弱的绿色，但我们能发现所有春天隐藏的绿色魔法——沿着树枝间隔分布的叶芽，都被安全地隐藏在那层层叠叠的保护之下。随手剥下树干上一片粗糙的树皮，你会在那里发现正在冬眠的昆虫。雪中有昆虫努力向下挖掘到土壤，还有会在明年夏天孵化的蚱蜢卵；还有泥土中，各种花草树木留下的正在休眠的种子。

同样，冬日海洋的了无生趣、寂寥无望也是一种假象。到处都是为生命循环准备好的新一轮自我更新的痕迹。在冬季海洋冰冷的海水中，正孵化着春天的新希望；而经过几周这些迹象就会变得如此繁重，以至于会骤然变化，引发春天里的第一次戏剧变化。海底岩石上黏附着形似小植物的新生命萌芽，几乎是以水螅虫形式存在

---

① 肯特：《海之镜》，1925年，第71页。

的，在春季里新一代的水母会由此长成并上升到海洋表层海水中，这就是新生的希望。冬眠于海底的桡足类动物的迟缓动作，隐藏着潜意识目的——要储存额外的脂肪来躲避海面风暴以此维护体内的小生命。

那些人类肉眼不可见的灰暗鳕鱼群穿过寒冷的海洋来到当初产卵的地方，发现那些玻璃状的鱼卵已经上升到海面水域中了。即使在冬季严寒的海洋世界，鱼卵也会迅速开始分裂，从原始质粒快速进化成为活鱼。

也许最重要的是，海面水域中永远散布着生命的微小颗粒，即硅藻的不可见孢子，只待温暖的阳光和肥料就能再次绽放春天的魔力。

第四章
无光之海

鲸鱼的眼睛从未闭上，在那应许之地游弋不停。

——马修·艾诺德

阳光明媚的公海海底里隐藏着罕为人知的山丘峡谷。静谧神秘的幽深暗黑海域占据了地球上相当大比例的面积。地球上的海洋延伸绵延了地球上3/4的面积。如果减去有些许苍白阳光直射的大陆架低浅区域和浅滩沙滩不算的话，地球上仍然有大约一半面积自世界开始以来就一直暗无天日地掩埋在深达数英里的海水之下。

深海比地球上其他任何地方都更顽固地隐瞒着自己的秘密。即使人类充分发挥聪明才智，也只能冒险地摸到深海的门槛。人们戴着潜水头盔可以在大约10英尺深的海底行走。人们穿着一套完整的潜水服可以下潜到最深约500英尺的极限深度。但在这样的深度下，人们需要携带恒定氧气供应，整体装备沉重到几乎无法行动。世界历史上只有两个人曾经历过下沉到海洋中可见光范围之外的海域而又得以生还（译者注：截至作者著述时间为止）。他们就是威廉·毕比和奥蒂斯·巴顿。1934年，他们二人通过深海观测球形潜水器在百慕大海域潜水到了深达3028英尺的海洋深度。巴顿仅仅通过一个被称为观测镜的钢球于1949年在加利福尼亚州潜水到深达4500英尺的海洋深处。①

尽管只有少数幸运儿才能有幸游览深海，但海洋学家借助精确仪器在时刻记录着深海的光渗透、压力、盐度和温度，不断为我们

---

① 过去10年中，人们一直梦想去亲自探索深海最深处。经过坚持不懈的努力，人类借助想象性视觉工程技术已经制作了一种能够承受深海巨大压力的水下用船，从此人类观察者进入深海成为现实。仅仅几年之前，这似乎还是人力无法达到的事情。

瑞士物理学家奥古斯特·皮卡德教授是深海勘探领域的先驱，他也曾通过自己制作的气球上升到平流层。皮卡德教授设想了一种探测深度的设备，它不像球形潜水器一样必须要悬挂在电缆末端，而是可以不受海面控制自由移动。现在人们已经建造了3艘这样的潜水艇（深水艇）。观察者乘坐在悬挂于金属外皮的耐压球中，这个金属外皮中含有高辛烷值汽油，这是一种极轻、几乎不可压缩的流体。装有铁丸的筒仓可以提供压载物，当潜水员准备好返回水面时，可以通过按钮来释放这些由电磁铁维系的铁丸颗粒。第一架球形潜水器被称为FNRS-2（FNRS-1是皮卡德赞助的平流层气球），由比利时科学研究基金赞助。FNRS-2虽然在无人实验中展现出了巨大希望，但也存在某些缺陷。这些缺陷通过后来的建造工艺得到了弥补。第二架球形潜水器FNRS-3，由比利时和法国政府协助，在皮卡德和雅克·库斯托的共同指导下建立。在这个深水潜水器完成之前，皮卡德教授就前往意大利开始修建名为“里雅斯特”的第三个潜水器了。

FRNS-3号和里雅斯特号在20世纪50年代创造了新的历史，带领人类进入了深海的最深处。1953年9月，皮卡德教授和他的儿子雅克乘坐着里雅斯特号在地中海潜入到深达10395英尺的位置。这是人类以前能达到深度纪录的两倍。1954年，两名法国人，乔治·诺特和皮埃尔·亨利·威尔姆乘坐着FNRS-3号，在非洲达喀尔海域进一步刷新了深入海洋的纪录，潜到深达13287英尺的位置。1958年，美国海军研究所从皮卡德处购买了里雅斯特号。翌年，里雅斯特号来到了美国关岛，那附近有伟大的马里亚纳海沟——人们已经利用回声探测发现的现在已知的最深海沟。1960年1月23日，在雅克·皮卡德和唐·沃尔什的运作下，里雅斯特号成功下降到海沟底部，即海面下3.58万英尺（将近7英里）。

提供素材以便想象构建深海这令人毛骨悚然的禁忌之地。海洋表层海水能够感知日夜更替，感知吹过的每一阵风，能对太阳、月亮的拉力作用作出反应，并随着季节更替而变化。而深海却完全不同，这里即使有零星变化，进展也是异常缓慢。太阳光线无法照射进深海，这里就没有光明和黑暗的交替，只有无尽的黑暗，古老得跟海洋一般。对于深海黑暗里不懈摸索的大部分生物来说，这里注定是要忍饥挨饿的地方，食物不仅稀少而且很难找到，没有其他庇护所，永远要去努力躲避那些永久存在的敌人。深海里，任何生命只有不断继续前进，从出生到死亡都在黑暗之中，停留在像监狱一样的海域里。

人们过去常常以为没有生命能生活在深海之中。这曾经是人们的一个信仰，因为这个观点非常容易就会被接受，而且也没有任何反面证据。人们怎么能想到那样的地方会有什么生命能生存下来?

一个世纪之前，英国生物学家爱德华·福布斯曾这样写道："随着我们在海域中越潜越深，我们发现海里的'居民们'越来越稀少，越来越罕见，说明我们所到达的这个深渊里，生命要么是绝迹了，要么只剩下零星的生命星星之火苟延残喘。"然而福布斯本人极力推进对这"广阔深蓝海洋"进行进一步探索，以便能一劳永逸地解决在这种极限深度范围内是否有生命存在的问题。

即使在当时，生命证据就在不断出现。约翰·罗斯爵士曾于1818年对北极海洋进行探索。他从1000英尺深海里带回了一块有虫子存在生活过的泥块，"这有力证明了在洋床上存在着动物生命，即使承受了深海带来的黑暗、静谧、静止还有那密集的压力"。

1860年，斗牛犬号测量船在按照拟定的北部航线调研时，从法罗通过电汇给拉布拉多号发来另一份报告。斗牛犬号测量船的测深索曾下落到1260英尺深处，结果拉上来后发现上面紧紧吸附着13只海星。船上的博物学家曾根据这些海星这样写道："深海已经发出了人们梦寐以求的信息。"但并不是所有的动物学家都准备欣然接受这个信息。一些怀疑者认为这些海星是在测深索返回海面的途中"惊慌失措地拥抱住"了测深索。

还是在这一年，1860年，地中海里也有一条探测线从1200英尺深处被拉上来修复。人们发现大量珊瑚和其他固着动物顽固地纠缠附着在上面，这些动物从发育早期就附着在上面，经过数月或数年时间才发育成熟。探测线上升至水面的短短过程中，这些动物不可能缠绕得那么紧密。

挑战者号是有史以来第一艘用于海洋勘探的装备船。1872年，它从英国出发，航迹遍布全球各地。深达数英里的静谧深海底部铺满了红泥软泥，这里是海洋中黑暗无光的地方，但是一网又一网奇怪而奇妙的生物不断从这里被打捞出去。各种人类从未见过的奇奇怪怪的生物不断从渔网里跳到甲板上。挑战者号的科学家意识到即使是在蓝海最深邃的地方也是有生命存在的。

最近人们发现，深海里几百英尺深处的大部分海域中分布着一些未知生物聚集体，这是多年来海洋学界最令人兴奋的信息（译者注："最近"指离作者成书时间不久前）。

20世纪里第一个1/4里，人们开始利用船上的回声探测来探测海底深度，当时还没有人会想到这种方法还可以用来研究深海生命。新仪器的操作人员很快发现，从船上向下引导的声波像一束光一样，遇到任何固体物体就会反射回来。如果回声是从海洋中部返回，大概来自鱼群、鲸群或潜水艇的反射；然后人们才会收到从底部来的第二个回声。

到了20世纪30年代后期，人们就对这些事实非常确定了。渔民们开始谈论如何利用回声测深仪来寻找鲱鱼群。然而在随后的战争时期，这方面有严格的安全条例管控，几乎再没有人能详细了解这些信息。1946年，美国海军发布了一个重要公告。据报道，一些科学家在加利福尼亚海岸附近的深海中使用声波设备进行研究时，发现了由特定物种构成的“层”，且这个“层”分布广泛，对探测声有了声波回音。这个反射层似乎悬浮在太平洋海面和洋底之间，约在海面以下1000到1500英尺处，300英里宽。这一反射层是由3位科学家，C.F.艾林、R.J.克里斯滕森和R.W.里特于1942年在美国碧玉号上发现的，所以人们曾一度称这个完全未知的神秘现象为ECR层。然后在1945年，斯克里普斯海洋学研究所的海洋生物学家马丁·W.约翰逊有了进一步发现，为这个“层”的自然性质给出了第一条线索。约翰逊在E.W. 斯克里普斯号科考船上工作时发现，发回回声的这一层物质能有节奏地向上向下脉动，夜晚时更接近海面，而在白天时处于深海之中。人们由这一发现进行了一些猜测，认为这一反射层是由生命体组成，而不仅仅是海中的一层无生命的物理不连续层。

从这时起，关于大海“幻影层”的各种发现如雨后春笋般迅速涌现。随着回声探测仪器的广泛使用，人们已经清楚发现，这种现象不仅加州海岸有，几乎所有深海盆地都普遍存在——白天在海中几百英尺深处漂浮，在夜间会升至海面，而在日出之前会再次沉入深海的“幻影层”。

1947年，美国的亨德森号从圣地亚哥驶往南极的旅途中，几乎每一天都发现了反射层，深度从150到450英尺不等。后来，亨德森号从圣地亚哥到日本的横须贺市的旅途中，回声探测仪的记录结果表明这一反射层在太平洋地区几乎是连续存在的。

1947年7、8月期间，美国海神号舰母从珍珠港到北极圈利用回声探测仪进行了连续探测，发现沿线所有深水海域内都有该反射层。然而，这一反射层并没有延续到白令海浅水区域和查克奇海。海神号的回声探测仪有时会在早晨显示出两层反射层，随着海面上光照的增加而以不同方式进行反射回应；这两层反射层都会潜回深海，但之间有20分钟的间隔。

尽管人们不断尝试对反射层进行取样或拍摄，即使任何一天都有可能会有突破性发现，但还是没有人能确定该反射层是什么。当时有3个主要理论，每个理论都有相当数量的支持者。根据这些理论，海洋的这一“幻影层”可能分别由小型浮游虾、鱼类或鱿鱼组成。

浮游生物理论是其中最令人信服的理论，因为其论据是众所周知的事实，即许多浮游生物经常进行数百英尺的垂直迁移，在夜间会浮向海面，而在早晨第一缕阳光照射进来之前就会沉入深海，回到黑暗无光的海域里。这恰恰跟反射层的行为一致。无论这一反射层到底由什么生物构成，显然阳光都会轻易地让它们溃败不堪。这一层的构成生物几乎终生被囚禁在太阳光线照射不到的黑暗里或是说永远不能拥抱阳光，只能等待黑暗来临才急急忙忙地返回到海面。但是人们不知道：排斥原因是什么？排斥原因消除后，吸引原因又是什么？难道它们寻求黑暗是为了能相对安全地躲避天敌？难道它们在夜色掩护下来到海面是为了这里丰富美味的食物？

而那些持鱼群反射论的人则认为，反射层的垂直迁移表明鱼群正在追踪捕食浮游虾群。他们认为，鱼的气囊是人们已知的所有相关结构中最有可能产生强烈回声的结构。然而这一理论有一个致命漏洞：没有证据表明鱼群是普遍存在于海洋中的。事实上，几乎所有已知证据都表明，密集鱼群生活在大陆架或食物非常明确丰富的开阔海域。如果最终证明反射层确实由鱼组成，则人们已有的鱼类分布观点将不得不发生根本性改变。

最令人吃惊的理论（此理论的支持者也似乎最少）是鱿鱼密集反射层理论。“鱿鱼盘旋在不见阳光的深海里，等待着黑暗的到来去袭击捕食海面浮游生物。”此理论的支持者认为，鱿鱼足够丰富，分布足够广泛，可以形成从赤道到两极几乎都有的反射层。人类已知鱿鱼是抹香鲸的唯一食物，而所有温带和热带开放海域中都发现了抹香鲸。鱿鱼也是瓶鼻鲸独一无二的饮食，并是大多数其他齿鲸、海豹和许多海鸟的食物。所有这些事实都表明鱿鱼的数量一定非常丰富。

黑暗海面上鱿鱼的丰富度和活跃度都确实给任何有机会见证夜间海面的人留下了生动的印象。约尔特在很久以前曾这样写道：

> 有一天晚上，我们在法罗群岛斜线上航行了很久，利用悬挂在旁边的电灯来工作看路，这时看到鱿鱼一次又一次就像闪电一样向灯光掠过去……1902年10月的一个夜晚，我们航行在挪威海岸外的斜线上，数英里之内，我们可以看到鱿鱼在海面中如夜光气泡一样移动，就好像大号乳白色电灯不断在点亮又熄灭。[1]

托尔·海尔达尔曾记录过，他的木筏有一天晚上被鱿鱼轰炸

---

① 约翰·穆雷爵士，约尔特：《海洋深处》，麦克米伦出版社，1912年，第649页。

了；理查德·弗莱明曾说他在巴拿马海岸进行海洋工作的时候，常常会在夜间海面上看到大量鱿鱼群聚集，并不断向上跳，扑向操作仪器所产生的灯光。虽然人们也观察过同样壮观的海面虾群，但是大多数人很难相信鱿鱼数量这么丰富，几乎遍布整个海洋。

深海摄影有很大希望可以解决海洋“幻影层”之谜。然而当时存在一些技术难题，比如摄像机如何保持在跟大海一起移动的船只上的长钢索的末端静止不动，不论钢索怎么随着船而扭曲和转动。用这个法子拍摄出来的一些照片看起来好像是摄影师将他的相机对准了满天星斗的天空，并在曝光该影片时将其摇成了弧形。然而，挪威生物学家贡纳·罗勒森将摄影与音响探测图结合起来，得到鼓舞人心的成功经验。他在约尔特号研究船上，从罗弗敦群岛开始不断得到来自20到30英尺深的鱼群的回声。他将特制的相机下沉到回声图所示的深度进行拍摄。冲洗底片后，他发现，拍摄内容显示了远处鱼群的运动形态，并且发现大量清晰可辨的鳕鱼出现在打光束的地方并徘徊在镜头前方。

想要知道反射层究竟是什么，直接对其取样似乎是合乎逻辑的手段。但问题在于如何制作出大型渔网去快速捕获这些移动迅速的生物。马萨诸塞州伍兹霍尔研究所的科学家们已经从该反射层中打捞出原始网形浮游生物，并发现其中富含虾、玻璃虫和其他深海浮游生物；但反射层仍然有可能实际上是由以虾为食的较大生物组成，只不过它们体型过大或是速度过快，目前渔网无法捕捉。新型渔网可能会给我们答案。电视也提供了另一种可能性。[①]

尽管这些近期观测结果既朦胧又不确定，但所给出的暗示，即在海洋中等深度中有生命丰富存在的迹象，这点与那些有幸实际经历过相应海洋深度的观察者所给出的报告一致。这些目击者还详细描述了所看到的内容。威廉·毕比通过球形潜水器发现，这里的生命远比想象中的要丰富多样，即使在过去的6年里，他已经在这同一片海域内用渔网打捞了数百次。他下潜超过1/4英里的深度后，还认为这里生命聚集情况“和曾经见过的一样密集”，可是下潜到半英里后——球形潜水器所能达到的极限——毕比博士回忆说，“浮游生物的薄雾……无时无刻不在沿着光柱旋转”。

一些鲸鱼大概在数百万年前先发现了丰富深海动物的大量存在。虽然现在看来，海豹也可能是发现者。化石遗迹告诉我们所有鲸鱼

---

① 即使在今天（译者注：作者修订时间，即1961年），人们仍然还没有完全破解反射层的奥秘。然而，人们结合新技术的巧妙组合已经可以让图像逐渐更加清晰。现在看来，至少在某些海域（如新英格兰以外的大陆架上）构成该层的主要成分可能是鱼类。这是通过使用包含许多频率的声源（普通回声测深仪是单频设备）进行研究而确定的。这种方法不仅揭示了反射层的垂直迁移，而且也说明反射层的组成成分会随深度而变化。鱼类鱼鳔可以给这一变化做出原始解释。鱼类下降到海洋更深处后，压力越来越大，这时候鱼鳔就会压缩，但随着鱼类上升到海面，鱼鳔会随着压力减小而膨胀。之前曾反对这一理论的人认为，鱼类不可能丰富到足以形成如此广泛存在的反射层。而在新技术所提供的信息之下，这个想法不攻自破。以前人们曾认为强烈的回声意味着各种生物密集度非常高。现在人们认识到，回声测深仪的记录不一定表示反射层中动物的密度，实际上所记录的黑暗迹线可能仅由少数几个强烈的反射体通过光束在特定时间内产生。

20世纪50年代人们越来越多地使用的一种研究方法是回声测深仪结合水下摄像。用这种方式获得的所有鱼类照片都伴随着强烈的回声。当然这些发现并不能排除反射层也可能由其他生物构成的可能性。但这些发现确实为证实鱼类是这一现象的重要组成部分这一观点提供了相当有说服力的证据。而且这种现象的出现原因极有可能有多种解释，并根据海洋区域的不同物种而有不同变化。

的祖先都是陆地哺乳动物。如果根据化石上强有力的下颌和牙齿来判断，它们一定是掠夺性野兽。它们也许在寻找大河三角洲或浅海海洋边缘的时候，发现了大量的鱼类和其他海洋生物，经过几个世纪演变，为了追寻食物而越来越深入大海。它们的身体也一点点地呈现出适合水生的变化：后肢逐渐缩小退化（人们通过解剖现代鲸鱼也发现了这点），前肢进化成了用于转向和平衡的器官。

鲸鱼最终似乎将海洋中的食物资源全部瓜分了。根据鲸鱼的捕食习惯，鲸鱼可分为3类：食浮游生物鲸、食鱼鲸和食鱿鱼鲸。吃浮游生物的鲸鱼为了吃饱，只能生活在富含小虾或桡足类动物群密集的海域。所以，这类鲸鱼的生活区域就基本上限制在南北极海域和高温纬度地区。食鱼鲸寻找食物的海洋范围可能会更广泛，但也只限于鱼群大量存在的那些海域。热带海域和开放海洋盆地的蔚蓝海水里就没有它们的食物。人类才刚刚了解到看似了无生迹的海面下数百英尺深的深海里有着丰富多彩的生命，可是那些方头又牙尖嘴利的巨大巨头鲸或者抹香鲸很早以前就发现了这个秘密。这些深海海域早已成了抹香鲸的狩猎场，主要猎捕的就是深海海域的鱿鱼，包括在水深1500英尺甚至更深处生活的大王鱿。抹香鲸的头部通常有很多长条纹疤痕，其中很多就是鱿鱼吸盘留下的。这两种巨大生物在黑暗深海的战斗激烈程度由此可见一斑——重达70吨的抹香鲸跟长达30英尺的鱿鱼之间的战斗，而且鱿鱼那扭动的抓手如果完全伸直，总长度能达到50英尺。

大王鱿能在多深的深海中生活目前并不清楚，但是有证据表明抹香鲸不断地越潜越深，而它潜水的目的大概是为了寻找鱿鱼。1932年4月，全美号修理船正在调查巴拿马运河区巴尔博亚和厄瓜多尔埃斯梅拉达斯之间的海底电缆明显断裂的问题。这条电缆从哥伦比亚海岸附近的海面上被打捞上来的时候，上面纠缠着一条长达45英尺的雄性抹香鲸尸体。海底电缆缠绕住了抹香鲸的下颚，进而缠绕住了脚蹼、身体和尾鳍。电缆是从水深540英寻或3240英尺处拉起的。[①]

海豹似乎也知晓深海把食物藏在了哪里。东太平洋北部的毛皮海豹在冬季时期到底在哪里捕食，又会去捕食什么，以及它们是如何沿着北美海岸从加利福尼亚州跑到阿拉斯加呢？这一切长期以来都很神秘。目前没有证据表明沙丁鱼、鲭鱼或其他重要商业价值鱼类是海豹的主要食物。也许这400万头海豹是商业渔民的竞争对手，但事实真相人们并不清楚。最近人们发现了关于毛皮海豹捕食习惯非常重要的证据。人们从海豹胃里发现了一种从未见过的鱼骨头。事实上人们从未在海豹胃以外的任何地方见过这种骨头。鱼类学家认为，这种“海豹鱼”是栖息在大陆架边缘深海中的一种鱼群。

我们无法想象鲸鱼或是海豹如何能忍受深海潜水数百英寻带来的巨大压力变化。鲸鱼和海豹跟人类一样，都是恒温哺乳动物。任何一名潜水员如果从水深200英尺左右快速浮回水面，就会死于因压力骤减而导致血液中的氮气泡迅速积聚所引起的沉箱病。然而，根据捕鲸人的描述，须鲸为躲避捕捞可以直线下潜到半英里的深度，

---

① 1957年，拉蒙特地质观测所的布鲁斯·C.黑恩发表了一本令人着迷的论文汇编，录入了1877年至1955年期间14起鲸鱼缠绕海底电缆的事故。其中有10起发生在中南美洲的太平洋沿岸，2起在南大西洋，1起发生在北大西洋，另外1起发生在波斯湾。抹香鲸是所有事故的主角，并且之所以集中发生在厄瓜多尔和秘鲁沿海，这可能与鲸鱼的季节性迁徙有关。这些事故中，鲸鱼缠绕的最深处是在620英尺，即接近1/3英里的位置。更多的则缠绕在不到500英尺的位置，这说明抹香鲸的天然食物可能集中分布在这个范围内。大多数事故中都有两个重要细节：第一，缠绕事故通常发生在早期修理的地点附近，那时电缆都随意扔在洋底；第二，电缆通常缠绕在鲸鱼的下颚周围。希森认为，当鲸鱼沿着海底寻找食物时，它的下颚可能会缠绕在海底松弛的电缆环中。鲸鱼的挣扎很容易导致电缆完全缠紧。

虽然在这个深度上，它身体上的每英寸都承受着半吨的压力，但它几乎能立即返回海面。目前对此最合理的解释是，鲸鱼与潜水员在水中时将空气泵入体内的方式不同，它体内携带着所需的有限空气供应，并且血液中氮气也不足以造成严重伤害。然而这个显而易见的事实究竟是为什么，人们并不清楚，因为显然不可能在活鲸鱼身上进行实验，而解剖死鲸鱼几乎难以达到令人满意的效果。

人们起初认为，像玻璃海绵、水母等脆弱生物不可能生活在压力巨大的深海里。然而事实上，深海生活的生物中，组织内部压力与外部压力是相同的，而且只要这种平衡能保持下去，即使周围环境有1吨的压力，它们也跟平常在大气压力中一样行动方便。更何况，对于大多数深海生物来说，它们终生生活在一个相对狭窄的海域，永远不会面临压力极度变化的时刻。

当然也有例外。毕竟这些终其一生都生活在海洋底部承受着五六吨压力的海洋动物并不是巨大深海压力造就的生命奇迹，这奇迹是那些在海洋进行上下垂直移动，可以规律性跨越数百甚至数千英尺的海洋动物，比如白天中潜伏到深水海域中的虾群及其他浮游生物群。另一方面，海洋压力的急遽变化对具有气囊的鱼类会有严重影响。任何人观察渔船从水深100多英寻向上拖渔网的话，都会发现这点。鱼儿们随着渔网快速上升的过程中感受了水压骤减。鱼儿们有时也会惊讶地发现，如果一不小心溜出了已经适应的海域后就再也回不去了。也许鱼儿们在寻找食物的过程中，会不小心越过所生活海域的顶层，而越过之后，就不得已开始流浪生活，接二连三地遭遇生活的陌生及恶意。鱼儿们为了追逐捕食浮游生物而不断上浮，就可能会越过海域边界。鱼儿身处水压较小的上层海域时，封闭在气囊内的气体会膨胀。鱼儿借此就能更轻快，加快上浮。如果鱼儿试着再次下沉的话，就不得不用全身肌肉力量去对抗这股向上的推力。如果没能成功，鱼儿就会抛尸海面，死伤惨重，因为压力急遽降低会导致鱼儿的身体组织发生突然膨胀破裂。

只考虑自身重量的影响的话，海水压缩程度比较轻微。曾经人们认为，物体从海面沉下去的过程会因为海水的阻抗而越来越慢。如今看来，这个美好如画的古老想法没有丝毫根据。按照这个理论来想，那些沉没船只、淹死的人类尸体、饥饿的清道夫没有吃完的大型海洋动物尸体，应该从来到达不了洋底，而是根据自身重量与水的压缩比而永远悬浮在海洋的某个深度上。事实上，任何比重大于水的物体在海水中都会一直下沉，不论体型有多么巨大，都会在几天内就降到海底。人们已经从最深的海洋盆地中发现了鲨鱼牙齿和鲸鱼耳骨，这就是无声而有力的证据。

尽管如此，海水的重量，即压在海底之上的所有海水，对海水本身也有一定的影响。自然规律如果突然奇迹般消失了，海水不再受到这种向下的压缩力，海平面将上升约93英尺。如果发生了这种情况，美国的大西洋海岸线将向西移动100多英里，人类所熟悉的世界地理轮廓都将改头换面。

深海生命面临的生存条件挑战首先就是深海的巨大压力，其次是无垠黑暗。深海的永恒黑暗已经让深海动物群出现了奇怪又令人难以置信的进化。黑暗深海完全与阳光世界脱节，可能只有少数亲眼见到的人才能真正说出来那是什么样子。我们知道，随着海洋深度不断加深，光线会迅速消失。水深200—300英尺处红光就首先消失了，随后是阳光里所有温暖的橙光和黄光。然后绿光渐渐消失，在水深1000英尺处只剩下深深的绚丽蓝色。如果海水非常清澈的话，光谱里的紫外线可能会再次穿透1000英尺。但在这些海域之外，深海中只有黑暗。

奇怪的是，海洋动物的颜色往往与各自的生活海域有关。海面鱼类，如鲭鱼和鲱鱼通常是蓝色或绿色；僧帽水母的浮囊，游来游去的海蜗牛的天蓝色翅膀也是这般颜色。硅藻草原下方，漂浮着马尾藻海草的地方，海水的蓝色都会变得更加深沉、愈加明亮，许多生物也都更加清澈透明。箭虫、透明玻璃虫群、栉水母和许多鱼的幼虫等这些生物以玻璃状、幽灵般的形态与周围环境融为一体，让它们更容易逃避那些持续饥饿的永恒敌人。

1000英尺的深海处也就是穿过海洋的太阳光线的尽头，这里最常见的是银色的鱼，以及其他许多红色、淡褐色或黑色的鱼。翼足目软体动物是深紫色的。虽然箭虫在浅层海域是无色的，但在这里却成了深红色。而在上层海域是透明的水母体， 在1000英尺的深度是深棕色。

深海深度超过1500英尺的地方，所有的鱼都是黑色、深紫色或棕色，只有虾群还穿着红色、猩红色或紫色等色调惊人的奇特外衣。无人知晓其中缘由。因为海水早就吸收了所有的红色光线，所以在这些生物的邻居看来，这些红色衣服都是平平常常的黑色。

深海中有自己的“星星”，就是那随处可见、转瞬即逝又怪异得令人毛骨悚然的月光般闪光。因为生活在黑暗深海中的鱼类，约有半数都有这种神秘发光现象，还有许多其他低等生命形式也有这种神奇能力。许多鱼类好似都随身携带可随意开关的发光手电筒，帮助它们去搜寻追捕猎物。有些鱼类的身体上有一排排灯光，样式因物种而异，这可能是一种识别标志或识别徽章。通过这种识别标志或徽章就能知晓对方是敌是友。深海鱿鱼跟那些在海面喷射“墨水”的同类不可同日而语，它们能喷射出一股可以变成“发光云”

的液体。

深海中再强烈的太阳光线也到达不到的海域里，鱼类眼睛也会变得越来越大，好像准备充分利用任何可能出现的光线赐予的照明机会，这些大眼睛有的变成了伸缩式的凸出大镜头。深海鱼类因为总是在黑暗中狩猎，所以它们的眼睛往往会失去视网膜的“锥体”细胞及颜色感知细胞，而增加能感知昏暗光线的“棒”细胞。陆地上也有类似的生物进化，完全夜间活动的动物就像深海鱼一样，从来没有见过阳光。

有些动物因为生活在黑暗世界中，似乎已经变得失明了，比如说一些洞穴动物。实际上，许多动物就像拄着拐杖的盲人一样,已经奇妙地发展出了触角和细长的鳍状突起来补偿眼睛的缺失。这些生物可以完全通过触觉感受谁是朋友，谁是敌人，甚至能用感知去寻找食物。

植物在薄薄的海面之下的生命踪迹越来越难寻觅，因为即使海水非常清澈，水深超过600英尺后植物也无法存活。其实对于植物来说，水深超过200英尺处就几乎没有足够阳光去进行食物制造活动了。由于没有动物能自发地制造食物，因此深海里生活的生物会以非常奇怪的寄生方式完全依赖上层海域。海面上，饥饿的食肉生物猛烈而无情地相互捕食，但深海里最终的食物来源都依赖于上层海域食物颗粒的缓慢下降。这永无休止的食物雨是由海面或海洋中任何海域下落的死亡或垂死的动植物组成的。海面和海底之间层层垂直分区中的海洋生命群的食物供应是不同的，并且一般来说深度越深，食物越差。比如说，深海中一些小型龙状鱼不惜利用剑齿虎口和巨大口器，对些许食物展开激烈而永不妥协的竞争。鱼类的身体充满弹性，又可扩张，可以吞下比自身大几倍的食物，以便在长时间禁食后得到快速补充。

人们几年前还以为，压力、黑暗、寂静，就是深海生活的全部。但是人们如今才知道，海洋才不是寂静之地。人们利用检测潜艇的水听器和其他广泛应用听音装置发现，世界大部分地区的海岸线周围，鱼、虾、海豚和其他尚不明确的生命形式都在制造着非凡的骚动。人们目前还未在离岸远海地区的深海进行调查，但当亚特兰蒂斯号船员试着将水听器放入百慕大深海中时，他们听到了奇怪的声音，全是尖叫和幽灵般的呻吟声，而且不知道来自哪里。人们已经从较浅海域中捕获了不同鱼类，饲养在水族馆内，记录下这些鱼类发出的声音，以便跟深海中听到的声音进行比较。人们已经得到了许多令人满意的识别结果。

美国海军设立的水听器网络用于保护切萨皮克湾入海口的水听器，但在第二次世界大战期间暂时变得毫无用处。1942年春天，海面上的扬声器每天晚上都开始发出像“气动钻头撕裂路面”一样的声音。水听器发出的外来噪音甚至完全掩盖了船只通过的声音。后来，人们发现这些声音是石首鱼的声音。石首鱼春季里会越过冬季远海捕食场而进入切萨皮克湾。人们只要能够识别和分析出噪音，就能通过电过滤器进行筛选，让扬声器只发出船舶通过的声音。

同年晚些时候，位于拉霍亚的斯克里普斯研究所的码头上，人们也发现了一群石首鱼组成的合唱团。每年5月至9月下旬每天的傍晚时分，石首鱼合唱团就从日落之时准时开始表演，并且逐渐提高音量，稳定地嘶嘶作响，伴有柔和的鼓声。整个“演奏”持续2到3个小时，最后逐渐减少到只有个别鱼会间隔发声。人们从水族箱中分离出了声音跟石首鱼类似的几种鱼，但人们目前还没有发现合唱团中柔和背景伴奏的鼓声演奏者（很有可能是其他种类的石首鱼）。

海底里噼啪作响的声音是一种最广泛的声音，就像干燥的树枝燃烧或脂肪煎炸一样的声音。人们在虾床旁经常可以听到这噼啪作响的声音，那是一种小小的圆圆虾，直径约有半英寸，却会用一只非常大的爪子来震慑猎物。虾总是会敲击连接爪子的两个关节，成千上万只虾子就会共同产生被称为虾裂纹的噪音。人们之前从不知晓小型捕虾的数量如此丰富，分布如此广泛，直到水听器广泛地捕获了这些声音。地球上35° N和35° S之间（从哈特拉斯角到布宜诺斯艾利斯），深度不超过30英尺的海域中都能听到这种虾的声音。

哺乳动物、鱼类和甲壳类动物在继续为深海合唱贡献力量。生物学家从圣劳伦斯河入海口的水听器中听到了"高亢的共鸣哨声、尖叫声、喵喵声、偶然的唧唧声、各种各样的滴答声，以及联想起弦乐队调弦的咯咯声"。每当白色海豚群随着洋流流动时，就会听到这鱼龙混杂的声音，因此人们认定这些声音是由白色海豚发出的。[①]

许多人认为神秘、怪诞、亘古不变的深海中有人类尚未发现

① 多年以来，人们一直在猜测海洋物种声音的作用。据至少20年的了解，蝙蝠通过雷达的生理等效物，借助任何障碍物来反射高频率声音以便在无光洞穴和黑暗夜晚中寻找方向。那么是不是有些深海鱼类、海洋哺乳动物的声音也有类似的作用，可以帮助深海生命在黑暗中游泳并寻找猎物？伍兹霍尔海洋研究所获得的早期水声录音中，有一些神秘的录音。这些声音来自幽深黑暗的海域，引人注意的是每个录音都伴随着一个微弱的回声，因此，人们为了更好地称呼这些怪异声音的未知发声者，就将其命名为"回声鱼"。佛罗里达州立大学的凯洛格教授对圈养海豚进行了成功的巧妙实验，用实际证据证明了海豚有类似于蝙蝠回声的定位或回声测距能力。凯洛格教授发现，海豚放出水下声脉冲流，可以在黑暗中没有碰撞的情况下准确地游过障碍物场。当实验者将任何物体放入罐中时，海豚便发出阵阵声音信号，似乎试图找到物体。海面上从软管或淋浴中喷出的声音产生了很大的干扰，在这种情况下将食物鱼引入罐中便不能定位，海豚们通过声音信号流定位它们，控制转向，回声能够确定目标的确切位置。

的非常古老的生命形式，即“活化石”。挑战者号上的科学家们也想到了这点，他们通过渔网打捞上来一些非常奇怪的生命形式，其中不少生命物大多数人从未见过。但这些生命形式基本上是现代类型，并没有什么像寒武纪的三叶虫或志留纪的海蝎子这类能让人联想起中生代入侵大海的巨大海洋爬行动物。相反，这些生命形式是现代的鱼类、鱿鱼和虾类，但是为了适应深海困难生活而发生了怪诞的进化，这些类型很明显都是出现在最近的地质时代。

深海并不是孕育生命的原始家园，甚至生命刚在深海中居住了不久。曾经，当海面、近海甚至河流和沼泽地区正在蓬勃孕育生命并繁荣发展之时，地球上还有两大生命禁地，那就是陆地和深海。众所周知，大约3亿年前，来自海洋的“殖民者”首先克服了陆地生存的巨大困难。而深海，伴着那无尽的黑暗、压抑的压力和寒冷的冰川，给生命的挑战更加艰巨困难。要等到后来的历史时期内才有生物，至少作为高级生命，成功入侵了这片禁地。

然而近年来，一两件重要事件又重新燃起了揭示深海所隐藏的奇异历史的希望。1938年12月，人们在非洲东南端用拖网打捞了条令人难以置信的活鱼——这是1条本来应该在至少6000万年前就灭绝的鱼！这是自白垩纪以来已知的最后一个保留着原来物种种类的“活化石”！在打捞上这个幸运渔网之前，人们从未发现任何一个关于那个历史时期的活生生的例子！

当渔夫们从水深大约只有40英尺处把这条“活化石”鱼从拖网里拖出来的时候，就立刻意识到这条5英尺长的明亮蓝鱼跟之前捕捉到的任何东西都不同，有巨大的鱼头还有形状奇特的鳞片、鱼鳍和尾巴，所以渔民们在返回港口时决定将它送到最近的博物馆。Latimeria的标本（以这条鱼进行命名的），是迄今为止所捕获到的唯一标本。这种鱼可能通常栖息在人类捕捞深度以外，而当时的捕捞点也并不是它通常的栖息地。[①]

人们偶尔会从水深1/4英里至半英里之间的海域中捕获到一种非常原始的鲨鱼，因为它们的腮总是皱巴巴的而被称为“皱鳃鲨”。挪威和日本海域是皱鳃鲨的主要捕获点——欧洲和美国的博物馆中只保存了大约50头——但最近人们从加利福尼亚的圣巴巴拉捕获了1头。皱鳃鲨有许多解剖特征都与2500万到3000万年前的古鲨鱼相似。相比于现代鲨鱼，皱鳃鲨的鳃太多而背鳍又太少，并且牙齿像古鲨鱼化石一样，是三叉戟式的。因此，有些鱼类学家将皱鳃鲨看作是从古老的鲨鱼祖先衍生出来的后代。虽然祖先已经消失于海洋了，但还有后代物种仍然在寂寥深海为生存而奋斗。

人们所知甚少的深海里可能还隐藏着很多这样美丽的年代错误，即使很稀少很分散。深海中的生存条件太苛刻，对生命太不友好，除非生命有极强的可塑性，能不断地进化自己以适应恶劣的条件，抓住一切可能存活的优势，在堪比黑色星际空间的深海世界里独行踟蹰。

---

① Latimeria被确定为腔棘鱼，是大约3亿年前首次出现在海中令人难以置信的古老鱼类之一，在2亿年甚至更长时间的地球历史的岩石中出现了腔棘鱼的化石。南非出现白垩纪鱼类的记录最初被认为是神秘而非凡的事件，不太可能重演。南非的一名鱼类学家J. L. B.史密斯教授并不赞同这种观点，相信海中肯定还有其他的腔棘鱼，他花了14年进行耐心搜索。1952年12月，马达加斯加西北角Anjouan岛附近发现了第二条腔棘鱼。马达加斯加研究所所长J.米洛特教授也进行了搜索。

1958年，米洛特教授又获得了10个标本，其中包括7条雄性和3条雌性。

美国自然历史博物馆的鲍勃·谢弗博士给出了合理解释，谢弗博士指出，侏罗纪早期最早的腔棘鱼栖息于各种环境中，包括淡水沼泽和海洋，但从侏罗纪到现在，一直存在于海洋。白垩纪末期，大海撤离了大量大陆地区，而腔棘鱼限制在永久性海盆中，从而将化石留在海盆底部的沉积物中。

第五章
隐世之地

满是沙砾的洞穴里冰冷深邃；

住在这里的风孩子全在沉睡。

——马修·艾诺德

第一位乘船横跨宽广太平洋的欧洲人曾经那么好奇，想要知道航船乘风破浪之下隐藏着怎样的一个世界。麦哲伦曾命令将测深索在圣保罗岛的两个珊瑚岛和土阿莫土群岛的洛布蒂布内斯岛之间的海域深入。当时他们使用的测深索是探险家们常用的长度不超过200英尺的传统测深索。即使这条测深索远远没有触及海洋底部，麦哲伦还是就此宣布到达了海洋最深处。他虽然大错特错，但仍然创造了历史性时刻。这是世界历史上第一次有航海家试图探测公海的深度。3个世纪之后的1839年，詹姆斯·克拉克·罗斯爵士驾驶着黑暗之神号和恐怖号这两艘名字就带着黑色不祥预兆的船只从英国出发，奔着“驶向南极海域极限”的宏伟目标一路上竭尽全力地试图利用声音探测海洋深度，但由于没有恰当的测深索而失败。他最后成功在船上建造了一条完美测深索。这条测深索长达3600英寻即超过4英里……1月3日这一天天气和其他所有环境都非常有利，测深索成功地在北纬27° 26'，东经17° 29'海域位置测得了2425英寻，说明深海深度与雄伟的布朗山不相上下。这是史上第一次成功的深海探测。

长期以来，深海探测一直是费时费力的任务，人们对海底地形的了解远远赶不上人们对月球近景的了解。多年以来，探测方法有了极大发展。美国海军军官莫里曾用强壮细绳去替代罗斯所使用的沉重大麻线。1870年，凯尔文爵士尝试着使用了钢琴线。即使探测装备得到改进，深海探测也需要几个小时甚至整整一天的时间。1854年，莫里收集整理了所有可用记录时发现，大西洋仅有180次深海探测数据。人们使用现代回声探测之前，世界所有海洋盆地的总探测量仅为1.5万次，大概仅仅测量了6000平方英里的范围。

如今，数百艘船只上都配备了声波探测仪器，能够追踪海底的连续轮廓（尽管只有少数船舶能探测水深超过2000英寻的海底轮廓[①]）。图表绘制数据速度远远比不上数据积累的速度。海底的隐藏轮廓正在一点点地显现出来，好像伟大艺术家们正慢慢给巨幅地图填补细节、不断上色。但是，即使最近进展飞速，精确详细的海洋盆地地形图的建立还需要几年的时间。

然而，海底的大体地形已经勾勒得当。越过潮汐线之后，海洋的三大地理部分是大陆架、大陆坡和深海海底。海洋中这3个地理区域间的区别非常大，好似落基山脉跟北极苔原之间不可同日而语。

---

① 目前，回声探测仪器的适用范围已经非常广泛，理想条件下，最强大的仪器能够探测到海水最大深度。海洋探测设备实际条件下操作的有效性仍受诸多因素影响，如潜在海底性质和介入水层中的条件等。尽管如此，海洋学家目前完全掌握绘制海洋洋底所需的所有潜在范围。

海洋大陆架是海洋所有区域中最具有陆地性质的部分。整个大陆架除了最深处以外都能沐浴到阳光。大陆架上的海域中有植物漂浮，海藻附着在岩石上，在海浪澎湃中摇曳不停。这里来回游动的鱼儿们长得可不像深海里那些怪物，是人们熟悉的样子，正像牛羊群在平原放牧一样规律地游动。大陆架的大部分物质，沙土、岩石碎片、流水轻轻沉积而来的丰富表土，都来自于陆地。世界上有些海面下隐没的山谷丘陵，在海水冰川的雕刻下跟熟悉的陆地北方风景非常相似，到处散布着由移动冰盖沉积而形成的岩石和砾石。事实上，大陆架的许多地方（甚至所有区域）的地层都曾经是旱地，因为海平面一次轻微下降就常常让大陆架在风吹日晒雨淋之中。纽芬兰的大浅滩古时曾耸立在海面之上，后来被海水淹没。北海大陆架的多格滩曾经是史前野兽聚居的森林，只不过如今这里的“森林”由海藻组成，而活跃的“野兽”是鱼儿们。

大陆架可能是海洋的所有部分中，人类最直接重要的物质来源。世界上的大渔场除了少数例外，都位于大陆架上相对较浅的海域。大陆架平原上聚集生长的海藻是人类制造食品、药物甚至商品的重要物质来源。随着陆地上远古时期留下的石油储量渐渐耗尽，石油地质学家越来越关注临海接壤的大陆架上是否存在石油，这些地图上没有标注、也从未经过开发的石油储藏。

大陆架从涨潮线开始向海内延伸，形成平缓的大陆坡平原。水深100英寻等位线曾被当作大陆架和大陆坡之间的分界线，现在习惯上认为，大陆架上任何平缓斜坡骤降至深海的位置都是分界线。世界范围内，分界线平均深度约为72英寻，而大陆架的最深深度能达到200至300英寻。

美国太平洋海岸的所有近海大陆架宽度都没有超过20英里，这是由于还在崛起中的年轻山脉决定了接壤沿海大陆架的狭窄特征。然而，美国东海岸哈特拉斯海角以北的大陆架却宽达150英里。佛罗里达州南部的哈特拉斯海角有最窄的入海口，这个地区没能得到充分发展似乎与湍急勇猛的海中巨河——墨西哥湾流有关，这里的墨西哥湾流不断向近岸处摇摆。

北极海域接壤的大陆架是世界上最宽的大陆架。横跨750英里的巴伦支海大陆架，也是相对较深的大陆架，大部分海域水深100至200英寻，好似洋底已经在冰川重压之下弯曲下陷。滩涂岛屿之间"伤痕累累"的深海也进一步证明了冰川的作用。地球上最深的大陆架围绕着南极大陆周围，人类已探明许多近海区深度达数百英寻，并随着大陆架延伸而不断加深。

人们可以想象得到，一旦越过海洋大陆架的边缘，就开始了陡峭的剧烈降落，奥秘奇异的深海景象也随之而来，黑暗凝聚，水压骤增，海洋景色越来越诡异，植物生命已经跟不上海景的变换了，只留下松散的岩石、泥土和沙子。

大陆坡和深海的生物世界在生物学意义上是完全等同的，都是食肉动物的世界，弱肉强食。因为没有植物能存活，唯一的绿色是从阳光灿烂的海面降落下来的植物死皮。大陆坡大部分都处于海面波动力作用之下，一直在海岸通道上受到流动洋流的不断紧压，脉动潮汐的搏击，甚至还能感受到深海内部浪潮的汹涌。

大陆坡在地理学意义上，具有最雄伟的地表特征。大陆坡构成了深海盆地的铜墙铁壁，既是陆地延伸的最远边界，又是海洋真正的起点。地球目前现存的最长及最高的峭壁就是大陆坡，平均深度达到1.2万英尺，甚至有的地方达到了3万英尺极限深度。陆地上没有任何山麓山峰能与之媲美。

大陆坡地形的宏伟也不仅仅局限于其陡峭和高度，大陆坡是大海最神秘的地方之一。海底峡谷的陡峭悬崖和蜿蜒山谷都穿插切回到了陆地。如今世界上很多地方都发现了峡谷，随着继续探测那些目前尚未开发的海域，人们可能会发现峡谷的分布在世界范围内更广泛。地质学家认为，一些峡谷形成于最近的地质时代即新生代中，而大部分峡谷可能形成于百万年前甚至更早的更新世时期。但是，没有人知晓大自然究竟如何鬼斧神工般造就了这些峡谷。峡谷的起源是海洋中争议最大的问题之一。

峡谷之所以没有被归为世界上最壮观的景观，仅是因为峡谷基本上都藏在深海黑暗中（其实，许多峡谷都延伸到了离海平面1英里甚至更近的位置）。此处，借科罗拉多大峡谷来对比一下海底峡谷和陆上峡谷。二者都是幽深蜿蜒的山谷，横截面呈V形，谷壁以陡峭的角度倾斜到狭窄的地面。大型海底峡谷的位置基本上揭示了我们身边的伟大河流在过去跟峡谷有着怎样千丝万缕的联系。哈德孙峡谷是大西洋沿岸最大的海峡之一，而仅仅只有浅浅一个岩床之隔，就是从纽约港蜿蜒到哈德孙河的悠长海底峡谷。研究峡谷问题的主要学者弗朗西斯·谢帕德认为，刚果河、印度河、恒河、哥伦比亚河、圣弗朗西斯科河和密西西比河等区域都有海底大峡谷分布。谢帕德教授指出，加利福尼亚州的蒙特利峡谷坐落于萨利纳斯河一个古老河口上，法国的布列塔尼峡谷看似与现存河流没有任何关系，但实际其位于15世纪的古老阿杜尔河口上。

谢帕德教授基于海底峡谷的形状和与现有河流的明显关系推

测，当海底峡谷高于海平面时，就会有河流涌入。冰河世界遗迹与相对年轻的海底峡谷之间有密切联系。人们普遍认为，冰川存续期间，因为海水不断冻结在冰层中，所以海平面不断下降。但是大多数地质学家认为，海面仅仅降低了几百英尺，而不是峡谷形成所需的至少1英里。有理论解释，冰川极速扩张和海平面不断下降的时候，海底有大量沉重泥浆不断流动；巨浪不断拍打着大陆坡，这些泥浆被搅了个天翻地覆，冲刷形成了峡谷。然而，由于目前没有任何确凿证据证明峡谷是如何形成的，这依然是个谜团。①

深海盆地洋底可能与海洋本身一样古老。深海形成以来的数亿年里，这些深邃洼地上覆盖着的海水从未干涸过。与陆地接壤的大陆架经历了各个不同地质时代后，如今已经非常熟悉波浪的浪涌，以及雨雪风霜的侵蚀，而深海永远在深达数英里的海水的包裹之下。

---

① 这篇关于峡谷的报道完成之后的10年中，人们已经了解到更多相关信息，但关于其起源仍没有形成普遍的一致意见。现代海洋学家针对这一问题贡献了许多资源。潜水员一直在探索加利福尼亚州一些峡谷浅区，收集样本并进行拍摄。海洋学家使用深海挖泥船或疏浚机对其他峡谷进行了研究，以获取岩石和沉积物样品。精密深度记录仪针对峡谷形状提供了许多新信息。综合分析这些研究可知，现在已知至少有5种类型的峡谷，各自特征迥异，几乎可以肯定它们有不同起源。目前没有任何一种理论可以解释所有成因。海洋地质学家弗朗西斯·谢帕德教授最初提出了峡谷被河流切割并且后来被淹没的理论，现在认为这种解释对一些峡谷而言是成立的，但对其他峡谷来说却是不成立的，例如，地壳不稳定状态的地区的一些海槽、槽状和直壁峡谷，可能代表了岩石层的断层或断裂。有理论认为，一些峡谷已经被称为浊流的巨大沉积物流所切断。这一理论已经得到了海底动态活动新概念的支持。针对海底所有这些引人入胜的特征所展开的进一步详细研究，不仅应该明确其自身历史，还应该大大增加我们对地球历史的理解。

深海的轮廓并不是自创世之日起就一成不变。深海洋底像陆地一样，由地幔的薄壳构成。当地球内部轻微冷却收缩并开始脱离地壳时，地壳薄壳就会向上形成折叠褶皱。地壳平差引起的压力张力变化促使地壳薄壳陷入深深沟壑之中，圆锥形海底山脉紧接着拔地而起，地壳裂缝向上升起滚烫的火山岩浆。

地理学家和海洋学家一直认为深海洋底是广阔而相对平坦的平原，直到最近几年这个观点才有了变化。人们承认某些特定地质特征，例如大西洋海脊和巨大海底洼地、菲律宾民答那峨海沟的存在。但是，人们认为这只是平坦海底中相当特殊的特例，其他地方几乎没有这种情况。

1947年夏天，“洋底一马平川说”彻底破裂。当时，瑞典深海考察队从哥德堡出发，在此后15个月里不断进行洋底探测。瑞典信天翁号考察船朝着巴拿马运河方向穿过大西洋的时候，船上的科学家们都惊叹于洋底的极端崎岖。船上的回声测深仪探测出的平原几乎从未连续超过几英里。相反奇怪的是，整个洋底轮廓呈现出巨大规模（半英里甚至几英里宽）的阶梯式上升和下降。许多海洋仪器都很难在太平洋轮廓崎岖的洋底中使用。人们在洋底丢了不止一个底质柱状取样器，可能是卡在某些海底裂缝里了。

唯一的例外是印度洋，那里并没有丘陵山地起伏的洋底。信天翁号在锡兰（译者注：今斯里兰卡）东南部发现了长达几百英里的海底平原，科考人员从这里多次试图采集样本，但却从未成功，只因一再打碎岩芯提取器，这表明海底是硬化熔岩，而整个广阔高原可能由庞大的海底火山形成。整个印度洋洋底的熔岩平原也许是华盛顿州东部玄武岩高原在海底的对应物，或者说，这是1万英尺厚的玄武岩“印度德干高原”。

伍兹霍尔海洋研究所的亚特兰蒂斯号科考船在大西洋洋底的部分地区里，也发现了一个平坦平原，这个平原从百慕大一直延伸到大西洋海脊和里奇以东范围的大部分海洋盆地。只有由火山造就的那一脉相承的圆丘隔断了平原地区的均匀轮廓。而有些特定地区又是非常平坦，似乎很长时间里一直接受着沉积物沉积，而从未受到干扰。

海洋洋底上那些最深的盆地凹陷并不是如人们料想的一样在大洋盆地中心，而是在靠近陆地的海域。世界上最深的海沟之一，深达6英里半，位于菲律宾东部的民答那峨海沟。[①]日本东部的塔斯卡洛拉海沟几乎可与之媲美，是由一系列狭长的海沟组成，与博宁群岛、马里亚纳群岛和帕劳群岛在内的一系列岛屿的凸形外边缘接壤。阿留申群岛的海滨一侧也有一条海沟。西印度群岛附近的好望角之下隐藏着大西洋的最深处，在那里绵延弯曲的岛屿群就像踏脚石一样进入南大洋。而印度洋内，东印度群岛那些弧形弯曲的岛屿也伴随着深深海沟。

弧形岛群和深海沟两者之间总是存在这样暗含的关联，而且这两者总是只出现在火山频发地区。现在人们普遍认为，山脉产生和

---

① 离关岛最近的马里亚纳海沟最近刷新了最深深度录，里雅斯特深海探测器降至洋底打破了深度纪录。1951年，挑战者号在这个海沟里记录了10863米或约6.7英里的深度。由于挑战者号回声探测的确切位置已经给出，所以这个深度能够被验证，因此被认为是我们真实记录的最大深度。但是，在1958年，维蒂亚兹号上的俄罗斯科学家报告发现，马里亚纳海沟的深度还要略深一点（11034米或6.8英里），但位置并不明确。

随之而来的海底急剧调整与两者共存模式之间有密切关系。弧形岛群的凹面上有一排排的火山群，而在另一凸面上，就会出现急剧的向下弯曲，形成深V形的海沟。这两股力量似乎处于一种不稳定的平衡状态：陆地地壳向上折叠形成山脉，海底地壳向下深入直到玄武质物质。向下俯冲而破碎的花岗岩有时会再次升起形成岛屿。这就是西印度群岛巴巴多斯岛和东印度群岛帝汶岛的形成原因，两者都是由深海沉积物组成，曾经是海底的一部分。但这一定是个例外。用伟大的地质学家戴利的话来说：

> 地球的另一个能力属性……可以无限抵抗剪切压力……陆地一直俯瞰着海底，却固执地拒绝向这里蔓延。太平洋洋底的岩石强劲，足以承受地壳下冲形成汤加海沟所带来的巨大压力，还在无穷无尽的时间里，向上形成了高达1万米的熔岩穹丘和在夏威夷岛屿上呈现出来的其他火山产物。[①]

最不为人所知的海底地区要数北极海域洋底，在这里进行回声探深遇到的实际困难令人难以想象。厚达15英尺的冰盖永久地覆盖住整个中央盆地，使得船只难以通行穿越。1909年，罗伯特·皮里率领着他的狗狗战队向极地进发，途中进行了多次回声探深。一次，在距离极点仅数英里的探测尝试中，探测线突破了1500英寻数据点。1927年，休伯特·威尔金斯爵士乘飞机降落在巴罗角以北550

① 来自《冰河世纪的世界变化》，1934年，耶鲁大学出版社，第116页。

英里的冰面上，并在回声探测中得到了2975英寻的数据，这是北极海记录中最深的一次探测。很多船只为了能在海域中漂移，蓄意将自身船只冻结在冰层中（例如挪威的弗拉姆号，俄罗斯的谢多夫号和萨德柯号），并已经在海域中心大部分地区探测到了深度记录。1937年至1938年，俄罗斯科学家乘坐飞机降落在极点附近，借助飞机提供补给而生活在冰面上，随着冰块一起漂流并进行探测。他们进行了近20次探测。

威尔金斯构想了探测北极海的最大胆计划。他们计划于1931年乘坐鹦鹉螺号潜艇，从卑尔根群岛出发，一直在冰面之下潜行穿越整个海域盆地到达白令海峡。然而，鹦鹉螺号离开卑尔根群岛几天后，潜水设备发生了机械故障，妨碍了该计划的执行。到20世纪40年代中期，在北极深海区域通过所有方法成功进行的总探测数仅为150次左右，北极海域成了世界上的所有海域中一个未知的存在，人们只能猜测其轮廓。第二次世界大战结束后不久，美国海军开始通过一种新的方法进行探测，即通过冰获得回声探测，这可能是破解北极谜题的关键。有个有趣猜测也许能通过未来的探测数据来验证，即山脉群是不是将大西洋一分为二，这些应该终结于冰岛北端的山脉实际上继续穿越了北极盆地到达俄罗斯海岸。沿大西洋海岭分布的地震震中带延伸到了北极海，在那里发生了水下地震。人们据此猜测这里可能有海底山地地形。[①]

最新的海底地形图上就标注出了20世纪40年代之前从未有过的新地貌特征，即夏威夷和马里亚纳之间存在着约160座稀奇古怪的海底平顶山。事实上，普林斯顿大学的地质学家哈里·哈蒙德·赫斯曾指挥美国约翰逊角号在太平洋进行了长达两年的战时巡航。赫斯

---

① 令人兴奋的海洋地质新发展已经证实大西洋海岭延伸穿过了北极盆地。事实上，现在地质学家提出，整个大西洋中脊是跨越大西洋底部、北极、太平洋和印度洋4万英里的连续山脉的一部分（见前言）。

美国核动力潜艇通过冰盖可以直接探索北极海深处，给北极盆地的探索带来革命性发展，让事实取代理论成为可能，人们再也不用去猜测细节。1957年，鹦鹉螺号（与威尔金传统潜艇同名）首次在北极冰层下进行初步探测，旨在发现这些区域是否能通行。鹦鹉螺号在水下潜行了74小时，穿越了将近1000英里的距离，收集了大量数据，包括深度探测和上覆冰层厚度的测量。1958年，鹦鹉螺号穿过整个北极盆地，从阿拉斯加的巴罗角到北极，再到达大西洋。这次历史性航程中，它首次在北极盆地中心连续记录了回波测深仪剖面。其他核潜艇随后加深了人们对北极的了解。从核潜艇的工作和其他更传统的探索中我们可以清楚地看到，北冰洋的底部地形大部分是正常的海洋盆地、深海平原，分散的海底山脉和崎岖的山脉。迄今为止发现的最大深度略超过3英里。大陆架断裂（从较陡峭的下降开始）落在阿拉斯加35海里异常浅的深处。在国际地球物理年期间，通过取心管和挖泥船的取样和深海摄影中发现，海底广泛覆盖着岩石、卵石和贝壳，后者主要是浅水形式。目前的冰盖似乎只携带很少或几乎没有诸如岩石碎片和沙子等物质，因此现在能发现携带物质的海底样品几乎都是地质时期从周围大陆漂浮过来的冰，当时北极海域相对开阔。

俄罗斯科学家在海洋生物学方面做了相当广泛的工作，他们获得了有趣的数据，似乎驳斥了南森以前的观点，即北极中部的水域在植物和动物生活中都极其贫乏。从漂流站“北极”收集的数据表明，在北极地区存在多种多样的植物和动物浮游生物。几乎没有研究过的微生物发育在冰面上，它们包含着许多脂肪和黄色和红色的冰色调。 硅藻在冰面没有被发现，但在冰层表面形成的湖泊中（与其他浮游生物一起）在冰层融化时会形成。丰富的硅藻群落通过从太阳中吸收大量能量，有助于冰盖进一步融化。北极夏季中丰富的浮游生物吸引了许多鸟类和各种哺乳动物的到来。

立即被船上的探深图中显示出来的大量海底山所深深吸引。随着测深仪移动笔不断追踪，深海轮廓线会突然开始陡峭上升，形成孤立在海床上的海底山轮廓。这些海底山不同于典型火山锥，所有山顶都是宽阔平坦的，就好像山峰已被波浪切断并淹没。所有海底平顶山的山顶距离海面半英里到1英里或是更深一些。这些山如何获得这样的平顶轮廓？这或许与深海峡谷一样神秘。

不同于分散的海底山，人们很早就已经在洋底图中标注出了海底山脉。大约一个世纪前就已经发现大西洋海岭了。为铺设横跨大西洋的电缆路线所进行的早期调查最先揭露了蛛丝马迹。20世纪20年代，德国海洋探测船流星号在大西洋上来回穿行，确定了大西洋海岭的大部分轮廓。伍兹霍尔海洋研究所的亚特兰蒂斯号也曾经用了好几个夏天对亚速尔群岛附近的大西洋海岭进行详尽研究。

如今，人们已经了解这个伟大山脉的整体轮廓，开始发现其中的隐秘山峰山谷的细节。山脊发源于冰岛附近的大西洋中部，从极北纬度开始，沿着陆地间隙南行，穿过赤道进入南大西洋，并继续向南到达南纬约50°，在这里也就是非洲末尖端向东急转，开始向印度洋进发。山脉的总体轮廓走向与陆地沿岸的海岸线紧密平行，甚至与赤道地区在巴西高原和非洲东弯曲海岸之间的弯曲褶皱相平行。一些人认为，这个曲线表明大西洋海岭曾经是大陆板块的一部分，当南北美洲大陆远离欧洲和非洲时，被留在了海洋中。然而，最近有研究表明，大西洋洋底上有大量的沉积物，这些沉积物必须花费数亿年时间积累形成。

大西洋海岭长约1万英里，是海底震动不安的区域。人们觉得整个海岭是由巨大相互作用的对抗力量形成的。大西洋海岭的西部山麓在东大西洋盆地缓慢下降，整个范围大约是安第斯山脉的两倍，也是阿巴拉契亚山脉的几倍宽。赤道附近，罗曼希海沟像一条深深的切口从东向西穿过了大西洋海岭。这是大西洋深盆地东西部之间唯一的沟通点，尽管其他较高的山峰中还有其他较小的山口。

当然，海水淹没了大部分大西洋海岭。山脊的中心支柱高出海面5000—1万英尺，但其他山顶大部分都在海平面下1英里的水位附近。然而，大西洋上随处从黑暗深海中涌出的高峰屹立于海洋表面，这就形成了大西洋中部岛屿。其中最高峰是亚速尔群岛的皮科岛，从海底上升2.7万英尺，而位于海平面之上的只有7000到8000英尺。山岭最陡峭的部分是赤道附近的圣保罗山小岛群，它由6个岛屿构成的岛群面积不超过1/4英里，而岩石斜坡如此峻峭，以至于超过半英里深的水位离岸边只有几英尺。阿森松岛上炎热的火山群是大西洋海岭的另一高峰，特里斯坦—达库尼亚群岛、戈夫岛和布韦岛也都是其中之一。

但是大西洋海岭的大部分仍然永远隐藏在人眼不及之地。人们只能间接地通过声波的奇妙探测而了解海岭轮廓，只能通过岩芯提取器和挖掘机来真正看到山脊的实质部分，或是通过深海相机拍摄来了解这一地貌的些许细节。人们借助这些辅助工具，可以通过想象力描绘出海底山脉的壮丽景致——那些陡峭的悬崖和岩石阶梯、深深海谷和高耸山峰。如果我们非要将大洋山脉比作大陆上的什么东西，首先想到的就是远高于树木线的陆地山脉，那寂静无声满是积雪的山谷和狂风席卷下的裸露岩石。因为海洋有倒置的“树木线”，在这条线之下，没有植物生长。海底山脉山坡远远超出太阳光线照射的范围，只有光秃秃的岩石，而山谷里的沉积物已经悄悄堆积了数百万年的时间。

不论是太平洋还是印度洋的海底山脉都不能与大西洋海岭相

媲美，范围都相对较小。夏威夷群岛是贯穿太平洋中部盆地绵延近2000英里的海岭的一座山峰。吉尔伯特群岛和马歇尔群岛是位于太平洋中部另一条海岭的山峰。东太平洋广阔的洋底高原，自南美洲海岸一脉相连到太平洋中部的土阿莫土群岛；印度洋上则有一条悠长的海脊一直延伸到南极洲，其大部分区域比大西洋海脊更宽更深。

海底山脉的形成时代一直令人着迷，有许多人不断对其进行推测。我们回顾古老的地质时代（参见“混沌起始”一章中的图表），就意识到陆地不断推升产生了山脉，还伴随着火山爆发和地球暴烈颤动；而且山脉也会在暴雨风霜洪水冲刷下崩塌消亡。可海底山脉是怎么回事？是不是以同样的方式形成？会不会从形成之日起也面临着消亡？

有迹象表明，海底地壳的状态并不比陆地稳定。世界范围内发生的地震中，相当一部分地震通过地震仪探测发现，其源头在海洋深处，正如后面将会讨论到的，海底活火山可能和陆地上一样多。显然，大西洋海岭沿着地壳转移和重新排列的方向发展；尽管大西洋海岭上火山似乎基本处于静止状态，但目前仍然是大西洋地区大部分地震的发生地。整个太平洋盆地的大陆边缘几乎都充满着地震和火山爆发，一些火山非常活跃，一些火山已经灭绝，一些火山只是在爆炸性爆发间歇内休眠上几百年。太平洋岸边连续不断的边界高山轮廓突然下降到极深深海，形成了位于南美海岸的深海沟，从阿拉斯加一路到阿留申群岛及日本，又从日本向南到了菲律宾，让人觉得这里，一个受到巨大应变影响的地球区域正在形成中。

然而，海底山脉是地球上最接近诗人口中的“永恒山丘”的存在。陆地山峰一旦形成，地球上所有自然力量都会齐心协力地把这个山峰夷为平地。而深海中的一座山，在漫长成熟岁月中，已经超出了普通侵蚀力的范围。从海底而生的山脉如果向海面上方推进形成火山山峰的话，这些岛屿会受到降雨的袭击，随着时间的流逝会被海浪冲散，山峰在暴风浪猛烈推拉和拖曳之下被侵蚀，最终在大海袭击的骚动中，再次沉入海面。而海底山，在大海的暮色中，在平静深海中，不会再受到进一步的攻击，在这里几乎保持不变，横亘在地球的整个生命长河之中。

由于这种相对不朽，最古老的海洋山脉比陆地上任何一个山脉都要古老得多。首先发现了中太平洋的海底平顶山的赫斯教授认为，这些“濒临灭绝的古岛”可能是在寒武纪之前形成的，也就是可能是5亿到10亿年前形成的。这也就是说，这些山脉可能跟“劳伦剧变”的陆地山脉同龄。但是，海底山跟陆地山峰如少女峰、埃特纳火山或胡德山相比，几乎没有变化。要知道，如今陆地上劳伦时代的山脉几乎没有存迹。据此来看，2亿年前当阿巴拉契亚山脉形成时，太平洋海底山就已经相当古老，这么多年来，海底山几乎没有任何变化，而阿巴拉契亚山脉早已被岁月打磨成了大地上浅浅的皱纹。6000万年前，阿尔卑斯山脉、喜马拉雅山脉、落基山脉和安第斯山脉上升成雄伟高峰时，海底山还是相当古老。然而，这些山脉最终将会被岁月打磨化尘，而海底山在深海中很可能会依然如旧。

随着人们越来越了解隐藏的海底山脉，各种疑问也层出不穷：水下海底山脉是否与著名的“失落大陆”有联系？那些传说中的迷失之地（传说中的印度洋里的利莫里亚大陆、圣布伦丹岛、失落的亚特兰蒂斯岛）都不断或明或暗、或虚或实地复现在世界许多地区的民间传说中，有一些还形成了根深蒂固的种族记忆。

其中最著名的是亚特兰蒂斯。根据柏拉图的叙述，亚特兰蒂斯是位于赫拉克勒斯之柱前的岛屿或称之为大陆。亚特兰蒂斯在强大的国王统治下是战斗民族的家园，经常利用其大部分利比亚力量去袭击非洲和欧洲大陆，漫游欧洲地中海沿岸，最后袭击雅典。然而，地震频发和洪水泛滥的情况下，仅仅一天一夜之间，所有（与希腊抗衡的）勇士都被吞没了。亚特兰蒂斯消失在海底。从那时起，这片海域里就有些地方变得不可航行，船只不能在那些埋藏着秘密的海域通行。

亚特兰蒂斯传奇一直延续了几个世纪之后，人们终于才大胆地在大西洋航行时去调查真相，从而推测失地位置。据说，大西洋中各种岛屿是一块更广阔陆地所留下的遗迹。人们认为，圣保罗岛上那孤独的浪潮岩石跟任何其他岛屿相比，也许更可能是亚特兰蒂斯的遗址。过去的一个世纪里，随着人们越来越熟悉大西洋海脊，越来越多的猜测都围绕着这里不断展开。

然而不幸的是，现实给这些美好如画的想象带来了不幸打击。即使大西洋海脊曾经存在于海面之上，那也是远远早在亚特兰蒂斯人活动之前。里奇山脉内核中取出的一些岩心呈现出典型沉积物的一系列连续特点，是来自远离陆地的开放海洋沉积物。这些沉积物可以追溯到大约6000万年前。而人类，即使是最原始的人类，也只是百万年前才粉墨登场。

就像其他深深植根于民间的传说一样，亚特兰蒂斯的故事可能有着几缕真实元素。地球上人类生命混沌开蒙之时，地球各地的原始人类肯定已经了解了这个岛屿或半岛的沉没情况，不是由于亚特兰蒂斯而导致的突然性戏剧性变化，而是在人眼可以观察到的时间范围内的变化。人们如果见证了这种事情，会再描述给自己的邻居和孩子，所以这个讲述陆地正在下沉的传说可能就是这样诞生的。

这样一块迷失大陆如今隐藏在北海水域之下。仅仅数千年前，多格滩还是一片旱地，但如今渔民们每天费力将渔网拖到这个著名的渔场上，从淹没的树干中捕获鳕鱼、鲟鱼和比目鱼。

更新世期间，海洋中大量海水因被锁在冰川中而减少，北海洋底渐渐暴露了出来，经过一段时间变成了陆地。这是一片低矮潮湿的土地，上面覆盖着泥炭沼泽，然后森林从附近高地中向此一点点地迁入，苔藓和蕨类植物之间渐渐生长出柳树和桦树。动物从大陆迁入，并逐渐占据了这块刚刚才从海上赢得的土地。这里曾生活着熊、狼、鬣狗、野牛、长毛犀牛和猛犸象。原始人携带着粗石器械来穿越森林，悄悄接近鹿和其他猎物，用燧石钻着潮湿的森林根部。

后来随着冰川开始萎缩，冰块融化形成的洪水不断倾倒入海，海平面水位不断升高，这块陆地成了一个岛屿。在这里生活的人类可能早在海峡还没太宽阔之前就逃到了大陆，只留下了使用的石器。但是大多数动物依然生活在这片土地上。赖以生存的岛屿必然在一点一点地龟缩，食物变得越来越稀缺，但是它们没有逃出生天的法子。最后，大海覆盖了岛屿，宣告了这片土地及其承载的所有生命的终结。

至于那些得以逃脱的人类，或许他们用原始的方式将这个故事传达给了其他人，而这些人又将这个故事传给了更多的人，直到这个故事固着在整个种族的记忆中为止。

历史从未记载这些事情，直到整整上一代欧洲渔民搬出北海中部，开始在多格滩海域内用拖网捕鱼。他们很快就确定了这里有个不规则海下高原，其轮廓几乎和丹麦一样大。海底高原位于水深60英尺的地方，但边缘处突然倾泻到更深的海域。渔网一下水就立即拉上来很多在普通渔场里没有的东西，打捞上来了被这些渔民命名为“沼泽”的松散泥炭，还有许多骨头，尽管渔民无法识别，但它们似乎属于大型陆地哺乳动物。所有这些物体都把渔网破坏了，也妨碍了捕鱼进程，所以渔民们只要有可能就将这些物体从岸上拖下来，然后扔回深海中。但他们带回了一些骨头、“沼泽”、树木碎片、粗石器作为标本转交给科学家鉴定。科学家们从捕鱼网打捞出来的这些奇怪残骸中，认出了这些属于更新世时期的动植物，以及石器时代的文物。根据北海曾经是旱地的历史，他们重建了多格滩这个迷失岛屿的故事。

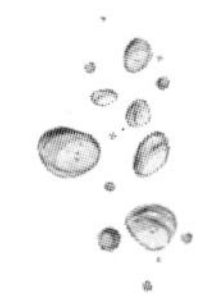

第六章
雪飘万古

地球史诗，深沉而震颤。

——卢埃林·波伊斯

地球、大气或海洋中的每一部分都有专属的独特气场，作为一个跟他者区分开来的独特属性。而当我想起那深海洋底，满脑子里只有一件压倒性事实，那就是沉积物的积累。我总是能看到这些沉积物坚持不懈又平稳流长地从上层漂流而下，层层叠叠、重重叠叠——这一漂流过程已经延续了上亿年，并且只要世界上还存在着海洋与陆地，就会一直持续下去。

这些沉积物质可以说是地球上最惊人的“降雪”。这一沉积过程开始于地球上第一场降雨落在贫瘠岩石上的那一刻，侵蚀之力由此触发。当生物开始在地表水中生长发育，曾经是生命载体的石灰或二氧化硅废弃外壳开始向下漂流时，侵蚀进程就会加速。激烈的沉积过程就这样安静无声地开始着，缓慢而又无休无止地进行着，而从地球发展进程来看，地球负担得起这种缓慢，因为地球可以提供亘古无垠的时间。侵蚀的结果也许在一年之中，甚至在人的一生中，能看到的效果都微乎其微，但从地球和海洋的生命量尺来看，侵蚀后果可谓是天翻地覆乾坤扭转。

降雨贯穿了整个地质时期，逐步侵蚀着地球土壤。挟沙河流不断地持续冲刷着大地，节奏变幻莫测速度瞬息万变。除了每条通往大海的河流所负载的淤泥之外，沉积物里还有其他物质来源。地球高空大气中的火山灰尘可能绕地球跑了一大半后，最终停留在海洋中，并在随波逐流后渐渐吸饱水分淹没下沉。来自沿海沙漠的沙子在海风吹拂之下不断向着大海的方向远行，最终落到海中沉积。当冰雪融化时，冰山和浮冰所携带的砾石、鹅卵石、小石块和贝壳等都在海水中重获自由。海洋上方的地球大气层中的铁、镍和其他流星星体碎片也正是在这里融入了大降雪的雪花中。但分布最广泛的还是数十亿的微小贝壳和骨骼，曾经生活在上层海域的所有微小生物的石灰质或硅质残骸。

整个沉积过程可谓是地球演绎的一部史诗。如果人们足够聪明的话，也许可以从中读出所有历史过往。因为这里记载了所有，沉积物诚实地记载了其上层海域和周围环境土壤中发生的所有情况，通过构成材料的不同性质和连续层的不同排列向我们诉说着。地球的戏剧性和灾难性历史也在沉积物中留下了痕迹——火山的汹涌爆发，冰的挺进消融，沙漠的灼热干旱，洪水的肆虐毁灭。

然而，科学家们仅仅从当代这一辈人开始，才刚开始打开沉积物这本厚重史书。自1945年以后，科学家们才在收集破译样本方面取得了令人兴奋的进展。早期的海洋学家用挖掘机刮取海底沉积物的表层物质进行取样，但人们需要的是一种按照苹果取芯器原理操作的仪器，它可以垂直地长驱直入到达底部以取出“核芯”样本，这才能保证取样中的不同层顺序不会受到干扰。这种仪器是由C.S.皮戈特博士于1935年发明的，他利用这柄“长枪”在从纽芬兰到爱尔兰的大西洋深处进行了一系列取样采集。这些取样岩芯平均长约10英尺。大约10年后，瑞典海洋学家库伦堡研发制造了活塞式岩芯取样器，如今已取样得到70英尺长的未受干扰的岩芯。目前，人类虽不清楚海洋不同部分的沉积速度，但沉积速度很明显都非常慢；所以这样的样本毫无疑问可以代表地球数百万年间的地质历史。

哥伦比亚大学的W.莫里斯·尤因教授和伍兹霍尔海洋研究所已经使用另一种巧妙方法来研究沉积物。尤因教授发现，记录深海炸弹爆炸的回声波可以用来测量覆盖在海底岩石上的沉积物层的厚度；一个回声波来自于沉积层顶部（即肉眼可见的海底），而另一个回声波来自于“海底之下的海底”即真正的岩石层。在海上携带及使用爆炸物是非常危险的，所有船只几乎都不敢去尝试，但瑞典的信天翁号和亚特兰蒂斯号在探索大西洋海脊的过程中都使用了这种方法。尤因也在亚特兰蒂斯号上使用了地震折射技术，通过该技术，声波水平地穿过海底岩层，可以提供有关岩石性质的信息。

这些技术发明之前，人们只能去猜测海底沉积层的厚度。如果想象下那段温和而无休止的“雪降”时光，一粒粒细沙，一片片脆弱的外壳，这儿有鲨鱼的牙齿，那儿却是陨石的碎片，就这样坚持不懈地、无情地而又无休止地延续着，我们可能已经预料到沉积层将是多么的庞大。当然，这一过程类似于构建山脉岩石层的形成过程，因为岩石也曾经是浅海中的软沉积物，后来时不时地溢出，沉积在了大陆之上。沉积物最终将变得固结黏结，随着海洋再次退缩，陆地上就厚厚覆盖了一层沉积岩层——我们可以从中看到地球运动留下的巨大抬升、倾斜、压缩、破碎的痕迹。人们已经知道沉积岩中有厚达数千英尺的地方，然而，当瑞典深海探险队领队汉斯·佩特森宣布信天翁号在开阔大西洋盆地进行的测量显示沉积层厚达1.2万英尺时，大多数人还是非常震惊。

如果大西洋洋底的沉积物厚度超过2英里，那么就会产生一个有趣的问题：岩石层在沉积物极其沉重的压迫之下是否会下降相应距离？地质学家对此持有相互矛盾的观点。太平洋海底山的最新发现可能会提供新证据。如果这些海底山，就像是其发现者所声称的一样，是“淹没的古老岛屿”，那么它们可能已经通过海底下沉，到达海平面以下1英里左右的位置。赫斯认为这些岛屿在很久以前就形成了，那时珊瑚动物还没有进化；否则，珊瑚可能会落到海底山平坦的刨平面上，并在根基沉没时就发展起来了。无论如何，海底山如何在“波浪基面”之下被磨损我们很难知晓，除非地壳在其负荷下发生了下降。

另一件事的可能性似乎也很高，即沉积物在地点和时间上分布不均匀。与大西洋部分地区沉积物厚度高达1.2万英尺不同，瑞典海洋学家从未在太平洋或印度洋发现厚度超过1000英尺的沉积物。也许因为这些海域在古老的漫漫时光中曾有过极其剧烈的海底火山爆发，在沉积物上留下一层层厚厚的熔岩，从而拦截住了测量声波。

尤因报告了大西洋海脊沉积层厚度的有趣变化和从美国方向进入海脊的方法。随着海底轮廓渐不均匀并且开始向海脊山麓倾斜，沉积物开始变厚，仿佛堆积成了猛犸象式的庞然大物，向着深达1000至2000英尺的海脊斜坡漂移。更远的海脊上，有几个几英里宽的水平平地，那里的沉积物甚至更深，厚达3000英尺。但沿着海脊脊梁的陡峭山坡、山峰、尖峰上的裸露岩石，沉积物被一扫而空。[①]

只要略加思考沉积物在厚度和分布区域的差异，我们就会不可避免地回想到那个“雪飘万古”阶段的比喻。我们可能会想起凄凉北极苔原上的深海暴风雪，一旦来临，持续时间格外漫长，空气里积雪弥漫；然后暴风雪逐渐减弱，降雪变小，回归平静。沉积物的那场“弥漫降雪”，也是这样轻重交替着进行的。“重雪”降临阶段对应的是陆地上的山地建设时期，当时土地抬高，雨水携带着土和岩石碎片冲下山坡奔腾入海；“轻雪”阶段标志着陆地平坦且侵蚀速度减慢，山地建设回归平静，就好似想象中的苔原上，风再次吹着雪填满了山脊间那些所有的深深山谷，不断向上堆积，直到土地的轮廓都消融不清，将山脊擦除了个干净。我们在海底漂流沉积物中也看到了“风”的作用，这可能是深海洋流在发挥作用，根据

---

① 海洋学家在海底更大的区域内测量了沉积物后，竟然得到更惊为天人的发现——总的来说，沉积物地幔比根据相关事实所预测的要薄得多。沉积物（未固结沉积物加沉积岩）在太平洋广袤海域上的平均厚度仅约为1/4英里。大西洋的大部分海域中，沉积物层稍微厚一点（仅为平均数字，当然存在一些更深的沉积物）。某些海域中几乎没有沉积物。几年前，几位海洋学家获得了位于大西洋深处太平洋东南部复活节岛脊上的锰结核的照片，可以追溯到约7000万年前，即第三纪的鲨鱼牙齿形成了这些结核的核。当然，核周围连续沉积层增长得非常缓慢。汉斯·佩特森曾估计，每千年约增长1毫米。然而在此期间，这些结核已经铺设在海底，沉积物深度足以覆盖。

科学家们通过观察沉积物的部分组分的放射性衰变速率，对冰后期时期沉积速率有了一些想法。如果这种沉积速率在假定的海洋生命期间占优势，那么沉积物的平均厚度将远远大于现在看来的平均厚度。大部分沉积物溶解了吗？现在的大部分土地被淹没的时间比我们现在假设的要长得多，因此沉积物长期受到轻微侵蚀？有些科学家已经对沉积物之谜提出了这些及其他解释，但似乎没有一个能完全令人满意。在海底钻孔到莫霍不连续面（见前言的莫霍计划）的戏剧性项目可能将提供现在所缺乏的解释。

自身规律带动着沉积物的分布，但人类尚未参透其中的奥秘。

然而，人们在多年前就已经了解沉积层的一般运作模式。陆地基部周围，即陆地边界的深海中存在着大量陆地泥。这些陆地泥有许多不同颜色——蓝色、绿色、红色、黑色和白色——显然其颜色会随着气候的变化而变化，主要受其起源地的土壤和岩石的影响。更远的海域中隐藏着海洋起源的重要蛛丝马迹——数以万亿计的微小海洋生物的遗骸。名为有孔虫的单细胞生物的残骸覆盖了大部分温带海域海床的面积，其中最丰富的当属球房虫属生物。球房虫属生物外壳既存在于非常古老的沉积物中，也存在于现代沉积物中，但是在不同时代里，发生了丰富多样的变化。我们根据这一点就可以大约推算出不同沉积物所出现的时代。球房虫属一直都是简单动物，生活在复杂雕刻的石灰碳酸盐壳中，整体生物如此之小，需要用显微镜才能看到细节。单细胞生物变形之后，球房虫属生物个体通常不会死亡，而是通过其物质分裂而一分为二。在每次分裂中，旧的外壳都被废弃，而形成了两个新的外壳。在温暖而富含石灰质的海洋中，这些微小生物的数量总是以惊人的速度增加着，因此，虽然每个生物都是如此微小，但还是有无数贝壳覆盖了数百万平方英里的海底，并深达数千英尺。

然而，在海洋深处，石灰质还没有到达底部之前，大部分石灰质就在深海巨大压力和高二氧化碳含量作用下溶解了，重新回到了海水的大型化学物质储层中。二氧化硅的溶解度反而更低，这也造就了海洋的一个奇怪悖论，即完整的有机残骸大部分属于单细胞生物，这最简单的生物似乎有着最精致的结构。放射虫们用自己的身体结构提醒着人们，每一片“雪花片”都拥有着绝不重复的图案和无限精巧的花式。因为放射虫的外壳是由二氧化硅，而不是石灰碳酸盐构成的，所以可以一成不变地潜入深海深处。因此，北太平洋热带水域的深海里有广泛的放射虫软泥带，现存放射虫恰巧就最常活动在其上层海域。

另外还有两种根据其组成成分的遗骸生物所命名的有机沉积物。硅藻是海洋的微观植物，在寒冷海域中繁殖最为丰富。南极海域海床上有一条宽阔的硅藻泥带，就在大块浮冰下落的冰川碎片区域之外。还有另一条硅藻泥带存在于北太平洋上，沿着阿拉斯加一路到了日本。这两片海域的深海中都不断有富含营养物质的海水涌出，从而一直保证了此海域中植物能够丰富生长。硅藻与放射虫一样，也包裹在硅质覆盖物中——形状各异的小小盒状外壳，但都是拜大自然精心蚀刻设计而成。

然后，大西洋开阔海域里那些相对较浅的地方，有一些由翼足类海蜗牛的精致遗骸所组成的软泥。这些有翅膀的软体动物，拥有美丽的透明贝壳，在各处海域内数量都极其丰富。翼足类软泥是百慕大海域附近的特有底部沉积物，在南大西洋也大片存在。

这些广阔无垠的海域留给人们神秘和怪诞的印象，特别是北太平洋海床上总是满满地铺盖着一层柔软的红色沉积物，而这些沉积物里除了鲨鱼牙齿和鲸鱼耳骨之外没有任何有机残骸。这些红黏土沉积存在于大海深处，其他沉积物的所有组成物质也许早就溶解殆尽，根本无法到达这个压力巨大且冰川般极寒的海域里。

人们才刚刚开始阅读沉积物这本“书”中所包含的故事。当人们能够收集和检验到更多“样品”时，就肯定会解锁出更多令人兴奋的“章节”。地质学家曾指出，地中海的一系列取样岩芯有可能破解海洋历史和地中海盆地周围土壤的诸多未解之谜。例如，这片海底沉积层中的某个地方必定存在着证据，能明确地揭示出撒哈拉沙漠沙层的形成时间，还能说明那时炎热而干燥的风到底如何携带着这些尘沙掠过变化莫测的海面而不断向海而行。最近，阿尔及利亚西部地中海地区探测所得岩芯所携带的数据已经揭秘了数千年来的火山活动，其中包括人们曾一无所知的史前火山喷发。

十多年前，地质学家彻底研究过皮戈特先生用凯尔文勋爵号电缆船所采取的大西洋岩芯。根据他们的研究分析，人们可以回顾过去1万年左右的时间，感知这期间地球气候变化的脉动，因为岩芯是由冰冷水域中的海底软泥球房虫动物群（即冰川阶段沉积物）与温暖水域的球房虫软泥交替组成。我们可以从这些岩芯所提供的线索中推测出，甚至能想象模拟出地球的间冰期阶段，那时地球上有温和的气候，温暖的海洋中生活着喜爱温暖的生物们。而在时期交替间隙，海水变得寒冷。云层聚集，雪花零落，北美大陆上巨大的冰盖渐次增长，冰山不断向外延伸。冰川沿着宽阔的前线到达大海，在那里，上千冰山破水而出。由于当时地球上大部分区域处于极寒之中，这些移动缓慢而又雄伟叹止的冰山“游行队伍”到达大海，甚至渗透到极南的地区，仅次于如今的流浪冰山。当冰山最终融化时，其中的泥土、尘砾、岩石碎片都被流水抛弃了，要知道这些物质都是冰山在陆地上磨削前行的时候冻结在冰山下层表面上的。因此，一层冰川沉积物覆盖在海底原本的球房虫软泥上，成为冰河时代的忠实记录者。

后来海水再次变暖，冰川融化不断退缩，喜爱温暖海域的球房虫群又再一次在海上生活，死亡后又漂流下来形成了另一层球房虫海底软泥，覆盖在来自冰川的黏土砾石层之上。沉积物中又再一次有了温暖又温和的记录。根据皮戈特岩芯中的隐藏信息，我们可以重建冰川前进的4个不同时期，分别间隔着温暖气候时期。

有趣的是，即使现在，在我们自己能见证的一生中，海底正有着一场新的“暴风雪”的碎片在一个接一个地落下。数十亿的球房虫群正在逐渐漂降，正在“写下”明确记录着我们现在世界的证据，说明如今这个世界是一个温和而宜人的气候世界。可是，从现在起1万年后，又会有何人去阅读这份记录呢?

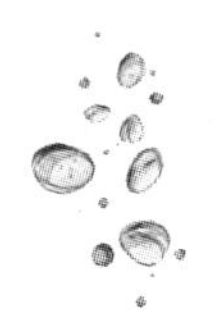

第七章 岛屿降世

许许多多那幽绿的岛屿都必须

在那深沉宽袤的大海中……

——雪莱

数百万年前，火山曾在大西洋海底上构建了一座山。巨大成堆的火山岩在连续不断地喷发之后，不断向上推举直到底部累积了高达100英里的物质，向上耸起突破海面，最后形成一个面积约为200平方英里的岛屿。大西洋的波浪不断将山顶削平，并让其不断萎缩变成浅滩，数千年过去了，数万年上亿年也过去了，最终，所有这一切都隐匿不见，除了一片小小残片遗留海面。这里，我们如今称为百慕大。

几乎每个岛屿都会重演类似百慕大的生命故事，千变万化而又不离其宗，这些岛屿之间都是波澜广袤又远离陆地的海洋。海洋中这些孤立的岛屿跟陆地之间有着根本不同。陆地板块和海洋盆地虽然经历了大部分漫长地质时期仍存于现今，但是岛屿的生命却非常短暂，今天创造出来的岛屿，很可能明天就被毁坏了。极少数个例除外，大部分岛屿毁于水下火山爆发，那石破天惊翻天覆地的火山爆发可能转瞬间就毁灭了数百万年才形成的岛屿。这就是地球和海洋所蕴含力量中自相矛盾的一点，既拥有着创造之神力，却又拥有毁灭自然之力。

人们多年以来，一直沉迷于群岛之中。也许这是人类作为陆地动物的本能反应，本能地去欢迎短暂地入侵那浩瀚无垠的大海的陆地。巨大的海洋盆地中，距离最近的大陆也要1000英里，船只下方还有数英里的水，这时出现了岛屿。我们想象着可以沿着岛屿斜坡向下穿过幽暗海水到达海底深处。我们想知道这个岛屿为什么又是如何能在海洋中间出现。

火山岛诞生是一件长年艰苦劳作的事件：地球的力量在努力创造，海洋的所有力量都在与之对抗。岛屿准备降世的海底区域最开始可能不超过50英里厚——覆盖在大地上的一层薄薄的覆盖物。而这之上却是深裂缝和浅裂纹，标志着过去时光中的不均衡冷却收缩。来自地球内部的熔融熔岩沿着这些脆弱的缝隙流淌，最终在海中爆发。但是，陆地上火山喷发时，熔岩、气体和其他喷射物都通过一个开放的火山口投掷到空中，海底火山却不相同。海底火山一直在对抗着上面海水的所有重量，尽管这巨大压力有可能只是两三英里海水。新的火山锥还是在源源不断的熔融熔岩的塑造下，不断向上朝向海面发展。一旦到达波浪范围之内，软灰熔岩和凝灰岩就会受到猛烈的攻击。潜在岛屿在很长一段时间内可能仍然是浅滩，无法浮现于海面，但是最终，在新火山喷发推动之下，火山锥被推向空中，熔岩通过硬化过程建立起了可以抵御波浪攻击的壁垒。

导航员的图表上标有最近发现的那数不清的海底山脉，其中许多是昔日地质岛屿被淹没后的残余物。同一幅图表中既显示了海洋中至少5000万年前就浮现而出的岛屿，也标注了人类记忆中刚刚出现的其他岛屿。图表上所标出的海底山脉，在明日可能就成了岛屿。此时此刻，海洋洋底上就有可能正在形成我们看不见的岛屿，正不断朝着海面崛起。

海洋绝不可能毁灭于海下火山爆发；这些海下火山爆发相当常见，有时仅仅能通过仪器检测到，有时即使最随意的观察者也能显而易见地观察到。船只航行到火山活跃区后，可能突然发现四周海水开始剧烈搅动，大海似乎处于激烈的湍流中，海水不断起泡或沸腾，冒着大量的水蒸气。海面上时不时还有喷泉弹出。各种鱼类、其他深海生物的尸体，以及大量的火山灰和浮石从那深海幽暗处的隐匿实际喷发点开始，不断向上漂浮到海面上。

世界上最年轻的大型火山岛之一是南大西洋的阿森松岛。第二次世界大战期间，美国飞行员曾这样唱道：

如果我找不到阿森松岛
赔偿金给我的妻子养老

这个岛屿是巴西高原和非洲高原隔海相望之间唯一的干旱陆地，岛上全覆盖着令人生畏的灰烬。灰烬之下，人们至少可以数出不少于40个死火山口。这片土地也并不是一直如此贫瘠，因为斜坡上已经发现了树木的化石遗骸。没人知道这里的森林怎么了。第一批探索岛屿的人约在1500年发现这里没有树木，如今这里除了最高峰，人称为“绿山”的地方，其他地方都没有自然绿色。

现如今的人们从未幸运到见证过像阿森松这样大规模岛屿的诞生。但是，偶尔会有海面上出现小岛屿的报告。也许1个月、1年、5

年后，这个小岛屿会再次消失在海里。这些小小的还在难产中的岛屿，注定只能在海面上短暂出现。

大约在1830年，西西里岛和非洲海岸之间的地中海地区出现火山活动迹象后，有一个岛屿突然从100英寻深处上升到海面上。而这个岛屿几乎跟一个黑色煤渣堆一样大，也许有200英尺高。但是海浪、风雨都没放弃对其展开袭击。岛屿上的柔软多孔的物质易被侵蚀，迅速便成了风烛残年之岛，而后再次沉入海底。如今这里只是一个浅滩，人们在海图上把这里标记为格雷厄姆礁。

猎鹰岛曾是澳大利亚以东近2000英里的太平洋上浮现出的一座火山的山尖 ，于1913年突然消失。13年后附近海域发生火山猛烈喷发后，这个岛屿又突然再次浮出海面，甚至仍然在相同的物理位置，依旧属于大英帝国的范围，直到1949年，殖民地副局长再次报告这个岛屿失踪了。

火山岛几乎从创建的那一刻起，就开始命中注定的毁灭。岛屿本身便是自身溶解的“种子”，因为爆炸新形成的充满松软土壤的山坡，可能会加剧岛屿的自身解体。毁灭似乎是岛屿命中注定的劫数：不论经历快速毁灭，还是经过长时间的地质时期后毁灭，都取决于外部力量的塑造影响——侵蚀着陆地山脉的降雨、海洋，甚至是人类本身。

南特立尼达岛（葡萄牙语名为“Ilha Trinidade”）便是一个经过几个世纪的风化，被雕刻成奇异形状的岛屿——这是一个溶解迹象明显的岛屿。这组火山峰位于大西洋的开阔海域之中，距里约热内卢东北约1000英里。E.F.奈特曾于1907年写道，南特立尼达岛“已经全部腐烂，自身物质已经在火山熔岩和海水的作用下解体，所以岛上处处都是碎片”。在奈特研究的9年间，整个山腰在裹挟着破碎的岩石和火山碎片的巨大山体滑坡的攻击下坍塌了。

有时，岛屿解体会通过突然的暴力方式进行。历史上最大一次爆炸曾将喀拉喀托岛的内核直接掏空。1680年，荷兰属印度群岛的爪哇岛和苏门答腊岛之间的巽他海峡上有个小岛曾爆发过预兆性火山爆发。而后200年间，这里发生了一系列地震。1883年春天，烟雾和蒸汽开始从火山锥中的裂缝不断升起。地面明显变得温暖，火山不断发出隆隆声来警告人们。而后在当年的8月27日，喀拉喀托火山就真的爆发了。这一系列令人震惊的火山爆发长达两天，火山锥的北半部整个都被炸飞了。海水的突然涌入又往这口“大锅”里增加了过热流体的狂热。当白热化岩浆、熔融岩石、蒸汽和烟雾的“地狱”最终消退时，原本高于海面1400英尺的岛屿变成了海平面以下1000英尺的空洞。只有前火山口的边缘上还剩下一个岛屿残骸。

整个世界都知晓了喀拉喀托火山的破坏力。火山爆发引发的海啸高达100英尺，摧毁了海峡沿岸的村庄，造成数万人死亡。海啸也席卷了印度洋和好望角的海岸，并从好望角继续进入大西洋，不断向北加速并且威力丝毫不减，甚至波及英吉利海峡。菲律宾群岛、澳大利亚，甚至近3000英里外的马达加斯加岛都听到了海啸的轰鸣声。从喀拉喀托火山中心撕裂而来的粉状岩石形成的火山尘埃云，升入平流层并在全球范围内传播，引起了世界上持续近1年的一系列壮观日落。

喀拉喀托火山戏剧性爆发可谓是当代人所能目睹的最凶猛的火山爆发，但是喀拉喀托火山本身来自于一次更加猛烈的火山爆发。有证据表明，巽他海峡目前所处海域曾经有一座巨大的火山。遥远的过去曾有一次惊天动地的火山喷发，直接将火山夷为平地，其曾经的山基如今只留下了一圈零散岛屿，这其中最大的岛屿便是喀拉喀托，而它又通过自己灭亡最终带走了原始火山口环留下的“遗物”。但是在1929年，一个新的火山岛又出现在了这个地方，这是喀拉喀托火山的“孩子”——安腊喀拉喀托火山。

阿留申群岛所在海域饱受地下火山和深海波动的干扰。这些岛屿本身就是绵延千里的海底山脉的山峰形成的，而火山活动便是塑造这些山脉的首席建筑师。山脊的地质结构鲜为人知，但人们都可以看到，山的一侧从水下大约1英里的深度上升，另一侧从水深2英里的地方陡然上升。显然，这条狭长的山脊代表着地壳的深部断裂。如今，许多岛屿上的火山要么非常活跃，要么处于暂时休眠状态。现代航海进入该海域的短暂历史中，新岛屿发现的报告经常出现，但是也许只是间隔1年再去，就再也找不到那个新岛屿了。

波哥斯洛夫岛自从1796年被首次发现以来，其形状和位置已经多次改变，甚至后来全岛曾完全消失，然后又再次神奇出现。岛屿的最原始状态是一块黑色岩石，在大自然的鬼斧神工雕刻之下成了奇妙的塔状形状。探险家和海员们在雾中遇到它时，以为这是一座城堡，还将其命名为岩石城堡。目前，“城堡”只剩下一两个尖峰，长长的黑色岩石耸出，时不时有海狮从中出动，还有一簇高高的岩石上总是回响着数千只海鸟的叫声。每当母火山爆发时（至少自人类开始观察以来就发生了6次爆发），大量热气腾腾的新岩石从热水中涌出，有些达到数百英尺的高度，然后再被摧毁于新爆炸中。正如火山学家贾格尔所描述的那样，每一个新出现的火山锥体都是“活嵴，相当于一个陨石坑，巨大熔岩堆高达6000英尺，在白令海的阿留申群岛山脉上堆积，而最终落入深海洋底”。

海洋岛屿几乎都跟火山起源有些渊源，但是圣保罗礁却是少数例外之一。圣保罗礁，是驰名国际的迷人小岛群，位于巴西和非洲之间大西洋的开阔海域，从海底向上延伸到赤道海流，猛烈突兀地阻挡住那已经奔腾千里的海水。整簇礁石群覆盖面积不超过1/4英里，像马蹄铁一样弯曲。最高岩石超出海面不超过60英尺，海雾一路润泽直到山顶。突然，岩石入水，向下陡峭地倾斜到很深的地方。自达尔文时代以来的地质学家们深深困惑于这些接受黑色波浪冲刷的小岛到底是如何起源的。大多数人都认为这些岛屿是由海底本身的材料组成的。在遥远历史时期，地壳中不可思议的压力必然会向上推动固体岩体，使其向上升高超过2英里。

圣保罗礁上寸草不生，荒凉赤裸，看起来像是世界上最不可能发现蜘蛛织网的地方。然而，达尔文在1833年来到这里时发现了蜘蛛，40年后，挑战者号上的自然学家们也报告了蜘蛛的存在，它们正忙着织网。这里还发现了一些其他昆虫，一些是海鸟的寄生虫，其中3种栖息在岩石上。其中1种昆虫是生活在羽毛上的小褐蛾。这几乎就是圣保罗礁居民的全部清单，除了群居在小岛上的奇怪螃蟹，这些螃蟹主要以鸟儿捕捉给幼鸟的飞鱼为食。

圣保罗礁并不是唯一拥有各种各样超凡居民的岛屿，因为海洋岛屿的动植物群与陆地生物有着惊人的不同。岛屿的生命组成是独树一帜又至关重要的。这些孤立于陆地的岛屿上除了由人类最近引入的生命形式之外，从来没有任何其他陆地哺乳动物居住，除了一种已经学会飞行的哺乳动物——蝙蝠——时不时来访问下。岛上从来没有任何青蛙、火蜥蜴或其他两栖动物，可能有一些蛇、蜥蜴和乌龟等爬行动物，但是人们发现，岛屿距离主要陆地越远，爬行动物就越少。如果岛屿是真正的海上孤岛，那就没有任何爬行动物。岛上通常会有几种陆地鸟类、昆虫和蜘蛛。例如，南大西洋上的孤僻岛屿，距离最近陆地也要1500英里的特里斯坦-达库尼亚岛。岛上除了3种陆地鸟类、一些昆虫和几只小蜗牛之外没有其他任何陆地动物。

人们根据如此精挑细选的岛上生命清单，很难看出生物如何跨越陆桥进行迁移而去“殖民”岛屿的，虽然一些生物学家正是持有这样的观点，并且有很好的证据去证明这些陆桥的存在。岛上现在所没有的动物恰恰是那些在通过理论陆桥时要保持干燥的动物。但是，海洋岛屿上发现的动植物都是可以借助海风或海水而运动的生物。那么，我们必须多一种假设作为备选选项，即假设岛屿上的生物积累是通过地球历史上最奇怪的迁徙进行的——这种迁徙早在人类出现之前就开始了，并且仍在继续，这种迁徙似乎更像是宇宙偶然性，而不是有序的自然过程。

我们只能猜测，海岛从海洋诞世之后多久才有生命居住。海岛的原始状态当然是一片光秃秃的土地，条件严酷，远远不是人类目前经验所能抵挡的。火山山坡上没有生物能上下移动，裸露的熔岩地上没有植物能生根发芽。但是，动植物们借助着风力，或随着洋流漂流，或跟着原木、浮刷或树木从远处的大陆上一路漂来，在这里一点一点地慢慢定居下来，开始“殖民”。

岛屿的生物蓄养过程就是如此精致从容，如此不紧不慢，而又无可阻挡。这一过程可能需要数千年或数百万年。要知道，万古永恒岁月中，某种特定生命形式（比如说乌龟）能在海岸上成功着陆的次数可能不会超过6次。越是不耐烦地想知道为什么无人能持续见证生命到来，就越是无法理解这个历史过程的宏伟步伐。

然而，人们偶尔能幸运地对这个过程有惊鸿一瞥。距离刚果河、恒河、亚马孙河和奥里诺科河这些热带河流的入海口超过1000英里的海域上，都经常可以看到连根拔起的树木和乱蓬蓬植物构成的天然“木筏”在随波漂浮。这些“木筏”上很容易就承载着各种昆虫、爬行动物或软体动物作为“乘客”。这些非自愿的“乘客”里有些能挺过在海上的漫长旅程，而有些在旅程的第一阶段就不幸死亡了。钻木为生的昆虫最适合乘坐木筏子旅行，所以在所有昆虫家族中，只有这类钻木为生的昆虫最常见于海洋岛屿。最可怜的“木筏乘客”就要数哺乳动物了。但即使是哺乳动物，也可以渡过较短的岛间距离。喀拉喀托火山爆发几天后，人们从流经巽他海峡的一些漂流木材中救出了一只小猴子。它遭受了极大的灼伤，但幸存了下来。

岛屿添丁加口这方面，风和气流所发挥的作用丝毫不亚于海水。大气层上部充斥“交通”拥堵的情况远远早于人类进入机器时代之前。地面上空数千英尺的高空里，空气中充满了各种各样的生物，它们或漂流、或飞行、或滑翔、或像气球般鼓起，又或者在大风中不由自主地旋转着。人类直到找到物理办法能进入这些区域后，才有机会发现这里丰富的空中浮游生物。科学家们现在通过特殊的网和陷阱，从高层大气中收集到了许多原本栖息在海洋岛屿中的生命形态。曾经让人们百思不得其解能在岛屿上生活的蜘蛛们，如今也在地球表面上方近3英里处被人们捕获到了。飞行员沿着2到3英里的高度穿过了大量蜘蛛“降落伞”的白色丝状细丝。海拔6000到16000英尺的高度上，即使风速达到了每小时45英里，风中还是携带着许多活昆虫。昆虫们在这样的高度和强风中，可能已经被运载了数百英里。高达5000英尺的高度上，风也采集了很多种子。风中采集的通常是菊科植物种子，海洋岛屿上典型的“蓟花的冠毛籽”特别丰富。

人们关于通过风力活动运输植物有一个有趣观点。地球大气层上层，风向不一定与地表风向相同。众所周知，信风流动位置低，如果有人站在海拔1000英尺的圣赫勒拿峭壁上，就高于猛烈激荡的信风，因而丝毫也感受不到它。不论是昆虫还是种子还是其他，一旦被风力吸入高空，就会轻易地跟着风沿着岛屿水平信风相反的方向前行。

经过海洋岛屿的大量鸟类迁徙活动也与植物分布有很大关系，甚至可能影响到昆虫和微小陆地贝壳分布。查尔斯·达尔文通过种植在一只鸟的羽毛中藏着的泥球，竟然得到了82株独立植物，分属5种不同物种！许多植物的种子都有钩子或刺，非常适合附着在鸟类羽毛上。像太平洋金鹦鹉这类鸟类，每年从阿拉斯加大陆飞到夏威夷群岛甚至更远的地方，也许能为我们破解植物分布谜团助上一臂之力。

喀拉喀托火山灾难给自然主义者提供了一个观察岛屿殖民生物的绝佳机会。由于岛屿本身大部分都毁坏了，残余部分也都覆盖着深层熔岩和灰烬长达数周，从生物学的角度来看，1883年爆发后的喀拉喀托就是一个崭新的火山岛。一可以登陆火山岛，科学家们就马上开始寻找生命迹象，尽管很难想象何种生物能幸存。果不其然，人们没有找到任何一种动植物。直到火山爆发后的9个月，自然学家卡托才报告道："我只发现了1只微观蜘蛛，只有1只。这个奇怪的改造先驱者正在忙着旋转织网。"由于岛上没有昆虫，大胆的小蜘蛛忙碌的旋转织网也只是徒劳，整整1/4世纪里除了几片草叶，几乎没有其他生命能生活在喀拉喀托。然后"殖民者"开始登陆，1908年发现了一些哺乳动物；一些鸟类、蜥蜴和蛇，各种软体动物、昆虫和蚯蚓。荷兰科学家发现，90%的喀拉喀托新居民是通过空中形式抵达。

海岛生命与陆地上的大量生命隔绝，没有借助生物杂交去消除新兴和特殊生命，以保持平均水平。所以，地球上这些遥远陆地里，大自然在创造奇怪而奇妙的生命形式方面再次夺魁。大自然好像为了证明令人难以置信的多功能性，每个岛屿几乎都发展出了地方特有物种，也就是说，独一无二，并且在地球上其他任何地方都没有的生命。

年轻的查尔斯·达尔文正是从加拉帕戈斯熔岩“书页”上所记载的地球历史中，首次了解了物种起源的伟大真理。达尔文通过观察千奇百怪的植物和动物——巨型乌龟、从惊涛骇浪中捕获食物的黑蜥蜴、海狮、种类繁多的鸟类——从而深深震惊于它们与中南美洲大陆物种的模糊相似性，但却也苦思不解它们为什么不仅区别于大陆物种，而且还区别于群岛内其他岛屿上的物种。多年以后，他在回忆录中写道：“无论是在空间还是在时间上，我们似乎都接近了这个伟大的事实，这个神秘中的神秘——地球上新生物是如何首次亮相的。”

岛屿上演化而出的新生物中，鸟类是最引人注目的例子之一。古老时代里一只小小的鸽子似的鸟儿，远早于人类出现之前就从印度洋一路飞行到了毛里求斯岛。但是我们只能猜测它后面的变化过程了。这只鸟儿失去了飞行能力，发展出短而粗壮的腿，并且体型不断变大，变得直到像现代火鸡这般大小。这就是渡渡鸟神话般的起源故事，而这可怜的鸟儿在人类来到毛里求斯后不久就灭绝了。新西兰是恐鸟的唯一家园。这些类似鸵鸟的鸟类高达12英尺。恐鸟从第三纪早期开始就在新西兰繁衍，但是毛利人到达新西兰后不久，残存的恐鸟也很快都灭亡了。

除了渡渡鸟和恐鸟之外的其他岛屿生命形式的体型也趋于变

大。加拉帕戈斯龟也许是在抵达岛屿后才成为“巨人”，尽管大陆上残存的化石遗骸让人对此充满怀疑。鸟类不使用翅膀甚至根本就没有翅膀（恐鸟就没有）是岛屿生命演化的共同结果。那些信风拂过的小型岛屿上的昆虫往往会失去飞行的力量——还保留着这项能力的虫子们很可能面临着被吹进海洋的危险。科隆群岛有一种不会飞的鸬鹚。仅在太平洋岛屿上就有至少14种不会飞的秧鸡。

岛屿物种最有趣和最吸引人的特征之一是非凡的驯服性——在与人类的交往中缺乏复杂应变能力，即使是痛苦的经验教训也不会让它们迅速改变。1913年，罗伯特·库什曼·墨菲带着一队人乘着双桅横帆船黛西号来到南特立尼达岛时，燕鸥停在鲸鱼船上，落在人们的头上，好奇地凝视着他们的脸。居住在夏威夷莱桑岛上的信天翁，习惯演绎精彩的仪式舞蹈，它们允许自然主义者们在自己的“殖民领地”中行走，并且还用严肃鞠躬来回应游客们的礼貌问候。达尔文之后又过了1个世纪，英国鸟类学家大卫·拉克再次踏上科隆群岛，他发现鹰允许自己的触摸，飞虫们试图从男人的头上拔根头发去筑巢。“荒野鸟儿会去靠在你的肩膀上，这是一种令人好奇的快乐。”他写道，“如果人类历来的破坏力能小一点儿，那么这种快乐可能就不会这么稀少。”

但不幸的是，人类在海洋岛屿上写下了作为毁灭者的最黑暗记录。人类给每一个印上人类足迹的岛屿几乎都带去了毁灭性变化。人类在岛上肆意割草、清理、焚烧，破坏了岛上环境；人类让自己摇身一变化身成了穷凶极恶的硕鼠；人类在所有岛屿上几乎无一例外地放出了整个“诺亚方舟”的山羊、猪、牛、狗、猫和其他非本地动植物。岛屿在横加外来的生命物种入侵之后，毁灭黑夜也就来临了。

所有生物世界中，岛屿生命和环境之间毫无疑问有着最微妙的平衡。岛屿处在一片汪洋之中，会带来影响的洋流信风的航向几乎从不改变，气候变化很小，环境异常统一。岛上生物天敌很少，也许根本就没有。陆地上引以为常的激烈生存斗争在岛屿上弱化了很多很多。当岛屿上这种温和的生活方式突然改变时，岛上生命几乎都没有能力去进行生存所需的调整。

恩斯特·迈尔曾讲述了1918年澳大利亚东部豪勋爵岛上的一艘轮船失事带来的影响。船上的老鼠游上岸后短短两年里，几乎消灭了岛上的所有本土鸟类，“曾经的鸟类天堂如今已是一片荒野，唯一回响的旋律只有死亡的宁静”。

在特里斯坦-达库尼亚群岛上，猪和老鼠轻易灭绝了几乎所有经过漫长岁月才进化而来的独特陆地鸟类。塔希提岛的本土动物群正在人类引入的大批外来物种的碾压之下逐渐丧失领地。夏威夷群岛几乎比世界上其他任何地区都更快地失去了本地动植物。这些都是干扰自然平衡结果的典型例子。几个世纪以来，动物与植物、植物与土壤之间的某些关系已经形成。当人类突然介入并粗暴地扰乱这种平衡时，便会引发一系列连锁反应。

温哥华人将牛和山羊带到了夏威夷群岛，对森林及其他植被造成了巨大破坏。许多外来植物都带来了负面影响。据报道，马克船长曾为自己在毛伊岛上的美丽花园引入了一种名为帕玛卡尼的植物。这种植物具有可借助风力传播的轻巧种子，很快就从船长的花园里逃逸出来，占据了毛伊岛上的草地，然后一个接一个地攻占下了整个岛屿。美国地方资源养护队（CCC）曾经一度试图把它们从火奴琉璃森林保护区中清除出来，但是还没来得及拔起植物，种子就先飞到了风中。马缨丹也是作为观赏植物被引入的植物，现在，尽管人们花费了大量资金进口寄生昆虫来控制它的数量，它仍然覆盖着数千英亩的土地，并且生长茂盛。

夏威夷曾经有一个专门致力于引进异国鸟类的社团。今天当你登上夏威夷岛屿的时候，你再也不会看到那些迎接过库克船长的精致本土鸟类，你能看到的是来自印度的八哥、来自美洲的主红雀、来自亚洲的鸽子、来自澳大利亚的织布鸟、来自欧洲的云雀和来自日本的山雀。大部分原始鸟类生命已经不复存在，如果要找到幸存逃亡者，就必须去最偏远的山区里努力搜寻。

一些岛屿物种充其量只是最脆弱的生命。莱桑岛短颈野鸭在世界其他地方无处可见，只有莱桑岛的一个小岛上可见踪迹。即使在这个岛上，它们也仅仅活动在有淡水渗出的那一侧。这个物种的现存总数不超过50只。不论是破坏它们视为家园的小型沼泽地，还是引进天敌或竞争物种，都可以轻而易举地切断本来就细小危险的生命线。

大多数人习惯性地引入外来物种来篡改自然平衡，这是因为他们完全意识不到随之而来的致命事件链。如今的我们至少还能从历史中获得教训。大约在1513年，葡萄牙人将山羊引入最近发现的圣赫勒拿岛，该岛上有一片宏伟的森林，富含产胶的树、乌木和巴西木。到了1560年左右，山羊的数量激增，大批大批山羊徘徊在岛上，践踏幼树，分吃幼苗。当然这个时候，殖民者也已经开始砍伐和烧毁森林了，因此很难说到底是人还是山羊应该对毁灭负责。但结果如何毫无疑问。到了19世纪早期，森林消失了，自然主义者阿尔弗雷德·华莱士后来称这个曾经覆盖着美丽森林的火山岛为“岩石沙漠”，只有最难以到达的山峰和火山口山脊中还存有一些原始植物的残余物。

天文学家哈雷大约在1700年访问大西洋岛屿时，在南特立尼达岛上放了几只山羊。这一次，人类没有成为进一步帮凶，森林毁灭的进展还是如此之快，几乎不到一个世纪就完成了。今天，特立尼达岛上的斜坡成了一片幽灵森林，死树那下垂又腐烂的树干四处零散，柔软的火山土壤没有了植物根系交缠不清的维系，正在不断滑入大海。

太平洋岛屿中要数莱桑岛最有趣了，这是夏威夷外围岛群之外的一小块土地。岛上曾经有一片檀香树和扇叶棕榈树林，有5种莱桑岛独有的陆地鸟类。其中1种便是莱桑秧鸡，一种高不过6英寸的迷人侏儒生物，翅膀看起来过于细小（当然也从来没发挥过翅膀的作用），脚丫似乎太大了，走路发出的声音像在远处响起的铃声。大约在1887年，一艘游船的船长将部分秧鸡运到了中途岛，也就是向西约300英里的地方，秧鸡们建立了第二个“殖民地”。这似乎是冥冥中上天在庇佑着秧鸡们，因为此后不久兔子便登上了莱桑岛。短短1/4个世纪之内，这些兔子吃光了小岛上的植被，小岛成了一片沙漠，除了兔子自己，其他所有生命几乎全部灭亡了。对于秧鸡们来说，岛屿的破坏也是致命一击的，岛上最后一只秧鸡在1924年左右死亡。

如果中途岛后来没有遭受悲剧袭击的话，也许莱桑岛生物“殖民地”可以借助中途岛生物团体再现。太平洋战争期间，老鼠借助船只和登陆艇登陆了一个又一个岛屿，在1943年，入侵了中途岛。秧鸡们无一幸免。鸟蛋都被吃光，幼鸟全被杀死。世界上最后一次见到莱桑岛秧鸡是在1944年。

海洋岛屿的悲剧就在于岛上物种经过漫长时光演变出的独特性和不可替代性。如今的世界里，人们会将这些岛屿视为宝贵的财产，像是一座充满了美丽而奇特神创品的自然博物馆，珍贵到无法用金钱衡量，因为世界上没有其他地方能复制这里的美丽。W.H.哈德逊对阿根廷潘帕斯草原鸟类的哀悼，其实在更真实地哀悼这些岛屿："美丽一旦消失，不归来。"

第八章 古海形迹

直到海水慢慢升起，悬崖峭壁陡然崩塌；

直到深渊吞吐，淹没了那梯田屋榻。

——斯温伯恩

我们所生活的时代中，海平面在不断上升。根据沿岸大地的潮汐测量显示，美国的所有海岸线的海平面自1930年以来，一直在持续上升。马萨诸塞州到佛罗里达州这段数千英里的海岸线和墨西哥湾沿岸上，海面仅在1930年到1948年间就上升了大约1/3英尺。太平洋沿岸海平面也在不断上升（但速度更慢些）。潮汐测量仪的这些记录并不包括由信风和风暴引起的海水瞬时涨起潮落，这就说明海平面正在稳定而又持续地向着陆地进发。

见证海平面上升是一件有趣甚至令人兴奋的事情，因为在人类短暂的生命中，能实际观察和测量地球变化韵律的机会极其罕见。地球上如今所发生的事情其实也并不是什么新鲜事。漫长的地质时期中，海水曾多次入侵北美大陆，然后再撤退回自己的海盆“老家”。海洋和陆地之间的边界是地球上最转瞬即逝的标志，海洋对大陆的侵占周而复始，永无绝期。巨大海潮起起伏伏，有时洪水吞没半个大陆后，又不情不愿地退去，神秘莫测，周而复始。

月满则亏，水满则溢，如今海水再一次溢出了海盆边缘。这些海水充盈了跟大陆接壤的浅海，如巴伦支海、白令海和中国海等。海水时不时也潜入内陆各处，形成内陆海，比如哈德孙湾、圣劳伦斯湾、波罗的海和巽他海峡等。美国的大西洋沿岸上，许多河流如哈德孙河和萨斯奎哈纳河等河口，早已淹没在不断前行的海水中了；切萨皮克和特拉华州的海湾之下沉没着曾经的海峡。

潮汐测量仪上清晰地显示出海水扩张源于几千年前就开始的海平面漫长上升，这一过程从最近的冰河时代的冰川开始融化时就开始了。最近几十年来，人们才能在地球上任何地方测量海平面。即使现在，如果考虑到整个世界范围内，这些测量仪数量还是过少而过于分散。由于世界各地记录的稀缺性，目前尚不清楚自1930年以来，其余各大陆上是否也出现了美国所观察到的海平面增长情况。

海洋会在何时何地停止现阶段的扩张，而再次慢慢退回海盆“老家”这件事儿，没人能说得准。如果北美大陆海岸线的海平面上升多达100英尺（现在陆冰中的储备水源足以支持海平面有这个幅度的上升）的话，大西洋沿岸的大部分城市和城镇都会被淹没。阿巴拉契亚山脉山麓将被无情海浪摧毁。墨西哥湾沿岸平原将被海水淹没；密西西比河谷中下部也将在劫难逃。

然而，假如海平面涨幅高达600英尺，那么美洲东半部的大片区域都将被海水淹没。雄伟的阿巴拉契亚山脉也就成了一连串多山的岛屿群。墨西哥湾将向北蔓延，最终在大陆中部跟大西洋的汹涌海水汇合，一起涌入五大湖，穿越圣劳伦斯河谷。北冰洋和哈德孙湾的海水将泛滥在加拿大北部大部分地区之上。

在我们看来，所有这一切都非同寻常，犹如灭顶之灾，但事实是，北美大陆和其他大多数大陆早已经对超出人类想象的排山倒海般的海洋入侵习以为常。地球历史上最大一次海水泛滥可能发生在约1亿年前的白垩纪时期。当时海水分别从北美大陆的北部、南部和东部汇入，最终形成了大约1000英里宽的内陆海域，从北极一路延伸到墨西哥湾，然后向东延伸，淹没了从海湾到新泽西州的沿岸平原。白垩纪海水泛滥的高峰期时，北美洲约有一半都淹没在汹涌洪水之中。全世界范围内海平面不断攀升。不列颠群岛大部分都淹没在海水之下，除了那些古老岩石偶尔还能零落地冒个头儿。欧洲南部，海水侵入狭长的海湾海港之后，长驱直入深入大陆的中部高地，只有古老而又嶙峋的岩石高地才得以在海面之上“呼吸”。海洋也挺入非洲境内，并在那里沉积了大量砂岩沉积物；后来这些岩石风化成了撒哈拉沙漠沙砾的主要“供应商”。内陆海从淹没的瑞典一路流过俄罗斯，覆盖了里海，一直延伸到喜马拉雅山脉。印度、澳大利亚、日本和西伯利亚的部分地区也都被海水淹没了，甚至南美洲大陆上如今安第斯山脉崛起的地方当时也是汪洋一片。

这样的事情曾发生过一次又一次，可能细节有些不同，影响范围有所不同。约4亿年前即非常古老的奥陶纪，北美大陆有一半以上的地区都在汪洋之下，只剩下几个大岛标志着该大陆的边界，还有一些较小的海岛零散在其内陆海域。泥盆纪和志留纪时期，海水泛滥也几乎是同样广泛。虽然海水每次泛滥入侵的模式都有些许不同，但是人们真的说不好各个陆地上到底什么部分从未淹没在海水下。

所以，要寻找大海，其实根本不必去旅行，因为古海所留下的形迹到处都是。即使深在内陆千里，也可以很容易地找到大地的提示。这是心灵耳目的重构，追寻远古海浪那幽灵般的且歌且行。我曾经坐在宾夕法尼亚州的某个山顶上的白色石灰岩上，这里由数十亿微小海洋生物的贝壳塑造而就。曾经在海洋母亲的臂弯庇佑下，它们在这里安静度过自己的营营一生，死后它们的石灰遗骸沉积在了洋底。这之后经过亿万年变化，沧海变桑田，这些遗骸也逐渐密结形成岩石，而后又经过亿年亘古演变，这些岩石在地壳膨胀时被抬升，如今成了漫长山脉的中心脊梁。

我曾深入佛罗里达大沼泽地内部，在那里我曾疑惑为何能在此地感受到海洋，直到我意识到，这里有如海般平坦，如海般无垠，天空中飘忽不定的云朵如海般千变万化；我曾疑惑为何能在此地感受到海洋，直到我意识到，我所站立的平坦大地曾经是嶙峋坚实岩地，这里破碎而层叠上升的岩石是锯齿状珊瑚岩块，刚刚才在温暖海水中接受了繁忙珊瑚礁建筑师的修整。现在岩石上只有薄薄一层草被，但到处都给人这样的感觉：这块土地曾在海底形成最薄的一层外壳，不定何时，沧海桑田就会翻天覆地，海洋会重新执掌自己的属地。

所有的土地都可以让我们感受到海洋的存在。喜马拉雅山脉上海拔2万英尺的地方都露出了海洋石灰岩地表。这些岩石曾见证过那一片温暖清澈的海水如何覆盖着欧洲南部和非洲北部，并一路延伸到亚洲西南部。大约5000万年前，大量被称为货币虫的大型原生动物涌入这片海域。每一只货币虫在死后，都为这一层厚厚的铜质石灰岩的形成贡献了自己的力量。多年之后，古埃及人就是在这样的岩石之上雕刻出了狮身人面像；他们就是开采了这种石头的矿床才获得了建造金字塔所需的石材。

白垩纪时期，也就是我们所说的大洪水时期中，海洋所沉积的白垩形成了多佛尔著名白色悬崖。白垩从爱尔兰延伸到丹麦和德国，在俄罗斯南部海床达到最厚。白垩由那些名为有孔虫的微小海洋生物的外壳组成，壳体与质地精细的碳酸钙沉积物黏合在一起。白垩不同于海底上的大面积有孔虫软泥，而是倾向于在浅水沉积，但质地非常纯净，以至于人们认定它周围的土地一定是低沙漠，没有任何杂质会吹进海中。白垩中经常会出现的风力石英砂给这种观点提供了佐证。特定层次的白垩中发现了燧石结节，说明石器时代的人们学会挖掘燧石充当武器和工具后，并遗留在这片白垩纪海洋中。

现在人们已经了解到，海水泛滥淹没陆地之后沉积物就开始沉积，后来海水又退去。然而地球上许多自然奇观的形成都与这个过程有关。例如肯塔基州的猛犸洞里，人们能漫步的深达数英里的地下通道，还有高达250英尺的“房间”。古生代海洋中沉积的厚实巨大石灰岩逐渐就这样形成了这里的洞穴和通道。同样地，尼亚加拉大瀑布的故事可以追溯到志留纪时代，当时北极海向南淹没陆地形成了大片海湾，并拥有清澈海域。因为海岸边缘很低，很少有沉积物或淤泥进入内陆海域，所以这里就沉积了称为白云岩的硬岩大型矿床，并且在加拿大和美国之间形成了长长悬崖。数百万年后，冰川融化所释放出来的洪水涌过悬崖，切断了白云岩底层的软质页岩，并导致大量底切岩石的破裂，创造出了尼亚加拉大瀑布及其峡谷。

当时，一些内陆海是世界巨大而重要的组成部分，尽管这些内陆海都非常浅，尤其是跟海水自从混沌初开起就大量灌入的海洋中心海盆相比的话。中心海盆中有些海域水深可达600英尺，与大陆架外缘深度差不多。没有人清楚那里的洋流模式，如何把热带的温暖带到遥远的北方土地。例如，在白垩纪时期，格陵兰岛上生长着面包果、肉桂、月桂树和无花果树。当大陆沦为群岛时，几乎没有地方还保留着大陆气候的极端炎热和寒冷，温和的海洋气候成了通行法则。

地质学家告诉我们，地球历史上每一个宏大分裂都包括三个阶段：第一阶段中，陆地海拔高，侵蚀活跃，海洋大部分局限在海洋盆地中；第二阶段中，陆地降至最低，海洋开始泛滥侵入；第三阶段中，陆地再次上升。现在已经故去的查尔斯·舒赫特贡献了他杰出职业生涯中的大部分时间用于绘制古老的海洋陆地地图，他曾这样说："我们今天生活在一个新周期的开始，如今陆地的面积最大，海拔最高，有最宏大的风景。然而海洋开始蠢蠢欲动地再一次入侵北美大陆。"

曾经，海洋亘古永世地停留在自己的盆地里，到底是什么让海洋远离"故乡"入侵外面的陆地？这背后根本不是单一原因，而是一连串因素的综合影响。

地壳运动与海洋和陆地的变化密不可分——正是这种塑性物质令人惊讶地向上或向下翘曲形成了地球的外层。地壳运动不仅影响陆地，也会影响海底，但对大陆边缘附近的作用最为明显。大陆边缘可能包括海洋单侧或双侧海岸、陆地某片或所有海岸。这一切都以缓慢而神秘的循环进行，其中一个阶段可能需要数百万年才能完成。陆地地壳的每次向下运动都伴随着海洋缓慢泛滥漫过陆地，每次向上运动都会导致海水退去。

但地壳运动并不是造成海洋入侵陆地的唯一原因，还有其他重要原因，其中之一是陆地沉积物对海水的置换。每条河流流进大海所沉积下来的每粒流沙、每块淤泥都会取代同样体积的水。自地质时代开始以来，陆地就在不断解体，各种物质不断运输入海。人们可能会认为海平面一直在不断上升，但事情并非如此简单。陆地由于在不断减轻质量，往往会升得更高，就像一艘卸下部分货物的船只一样。而海底在累积沉积物的负荷之下往往会下沉。这些影响海平面的所有条件组合是一个非常复杂的问题，难以轻易鉴别预测。

此外还要考虑到巨大海底火山的形成。这些火山在海底建立了巨大的熔岩锥。一些地质学家认为，这些火山对海平面变化可能产生了重要影响。这些火山中的大部分都已经给人们留下了深刻印象。百慕大可谓是最小的火山之一，但其海面下的体积也约为2500立方英里。夏威夷火山群岛延伸到太平洋近2000英里，其中包含一些规模极大的岛屿；这些山脉岛屿的总排水量都相当巨大惊人。也许这个群岛能在白垩纪时代出现，这可能不仅仅是巧合，毕竟当时，世界上正在经历有史以来最大的洪水入侵。

过去的100万年间，海侵大陆的所有其他原因在冰川作用面前都相形见绌。更新世的特点便是巨大冰原的交替前进和后退。冰盖曾四进四出，四次在陆地上形成并纵深生长，向南压入山谷和平原；四次融化缩小并从覆盖土地上撤走。我们现在生活在第四次撤退的最后阶段。最后一次更新世冰川时代形成的冰，大约还有一半仍留在格陵兰岛、南极洲的冰盖和某些分散的山脉冰川之中。

每次冬季后，未融化的冬雪让冰盖进一步增厚和膨胀，这也意味着海平面有了相应的降低。地球表面雨雪形式的降水都直接或间接地来自海水储备。通常情况下，水分的撤出是暂时的，还会再通过正常降水和融雪的方式返回海洋。但是在冰川期，夏天十分凉爽，冬天积雪还没来得及完全融化，下一个冬天的降雪就又来了。这样一点点地，海平面在不断下降，水分都渐渐被冰川“抢”去了。每次冰川期到达高峰时，全世界的海平面都处于非常低的水平。

如今，如果你能从正确的地点进行观察，你会看到一些古老海滩留存的证据。当然，那些极低海平面留下的标记如今早已深埋水下，只能通过回声探测来间接发现。但是，过去那些海平面比现在高的地方，还是可以找到一些蛛丝马迹。如今在萨摩亚，在海平面以上15英尺的悬崖上，可以找到波浪曾经在岩石上切割形成的海平台。太平洋其他岛屿，如南大西洋的圣赫勒拿岛、印度洋岛屿、西印度群岛，以及好望角周围都能找到相同的痕迹。

悬崖上现存的海窟都远远高于波浪拍击波涛四溅所到达的高度，这是说明海洋陆地关系变化的有力证据。你会发现这些海窟遍布世界各地。挪威西海岸上有一条著名的波蚀隧道。挪威特哈根岛的硬质花岗岩上，在冰海波涛汹涌的海浪的侵蚀下形成了一条通道，长约530英尺，相当于移除了近500万立方英尺的岩石。隧道现在高出海面400英尺。冰川融化后地壳的向上反弹导致了这里的抬高。

另一半地质周期中，随着冰川厚度的增加，海平面越来越低，世界范围内海岸线正在经历着更加戏剧性和广泛的变化。海平面降低影响到了每一条河流。河水急速向海洋流动着，为隧道形成加深不断提供助力。河道沿着不断下移的海岸线延伸到干燥的沙泥土地上，而这前不久还是倾斜的海底。在这里，吞并了冰川融水的汹涌流水，携带着松散的泥土和沙子，化为一股汹涌的洪水滚入大海。

更新世时期海平面每次下降期间，北冰洋洋底都会枯竭，有一次甚至成了旱地。欧洲北部和不列颠群岛的河流流水不断退回海里，最终莱茵河袭夺了整个泰晤士河水系，易北河和威悉河合二为一。塞纳河穿过现在的英吉利海峡，在陆地上切割出一条海槽——

这也许是现在兰兹角外用探测器识别出的同一条水下通道。

更新世所有冰川中最大的冰川出现在该时期后期——可能距今约20万年，那时人类已经出现。旧石器时代里人们的生活必然受到了海平面急遽下降的影响。每当海平面急遽下降到浅陆架之下，白令海峡的宽阔陆桥就成了旱地，当然人类不仅仅在这个时期内会从这里穿过。其他陆桥也是以这种方式创建。当海洋从印度海岸退去时，狭长的水下海岸就成了浅滩，原始人为了到锡兰岛所走过的“亚当之桥”，就再次现世了。

古代人的许多定居点都位于海岸或河流的大三角洲附近，所以古老文明遗迹就可能残留在海平面上升后淹没的海窟之中。沿着这些古老水下海岸线搜索，我们会更多地了解旧石器时代的人类。一位考古学家为了发现贝壳堆的轮廓，曾建议用“潜水艇投下强大的电灯”搜索亚得里亚海的浅海部分，甚至用玻璃底船和人造光照射，因为早期人类曾经使用的厨房可能就在这里。R.A.戴利教授指出：

> 法国历史上的驯鹿时代是最后一个冰川时期。当时，人们居住在俯瞰法国河流河渠的著名海窟之中，在冰原边缘以南的冰爽平原上奔跑着追捕驯鹿。冰川后期海平面上升必然伴随着下游河水水位上升。因此，那些最低矮的海窟可能部分或全部被淹没……我们应该能在这里寻找到旧石器时代的更多遗迹。[①]

① 摘自《冰河世纪中的世界变化》，耶鲁大学出版社，1934年，第210页。

石器时代里，我们的祖先必定已经知晓在冰川附近生活会有多么严峻。人类和动植物要想抢在冰面向南移动以前转移的话，必须要有耳目留意着巨大冰墙的动静。当时，世界笼罩在暴风雨雪之中，刺骨寒风呼啸而来，触目所及全是蓝色冰川昏天暗地，不绝于耳的都是冰川前行的咆哮声和冰川断裂入海的雷鸣声。

但对于生活在另一个半球上，沐浴在印度洋海岸阳光下奔跑追逐的人们来说，海洋只是最近有些剧烈颠簸。他们对远处的冰川一无所知，他们也根本不明白他们之所以能幸运地在旱地上奔跑追逐，是因为大量的海水在遥远的土地上被冻结成了冰雪。

人们在对冰河世纪进行任何想象重建的时候，总是会困扰于一种迷人的不确定性：在冰川扩张最大的时候，到底有多少水被冻结在冰层里？海平面到底下降了多少？海平面是不是只下降了平均水平（也就是地质历史中潮起潮落200至300英尺的平均水平）？还是急遽下降了2000英尺，甚至3000英尺？

不同地质学家都给出了不同可能性的解释。也许这些激烈分歧根本不足为奇。路易斯·阿加西斯向全世界公布冰川移动对更新世的主要影响到如今，也才不过百年。自此之后，地球各地的人们都耐心地积累了证据，重构冰川的“四进四出”。只有当代科学家，比如戴利这样大胆的思想家才明白，冰盖每一次增厚都意味着海平面有相应的降低，冰盖每一次融化都意味着海平面回升，洪水泛滥。

大多数地质学家对这种“恢复和交替复原”现象持有保守看法，并认为海平面的最大降低量不超过400英尺，甚至可能也就只有一半。很多人根据那些水下深切大陆坡的峡谷尺寸而推理认为，海平面下降量要大得多。一些较深的峡谷位于海平面以下1英里或更深的地方。地质学家认为，峡谷上部至少是流水切割形成的，而更新世冰期期间海平面必定已经下降很多，才导致这种情况的发生。

海洋最远撤退到哪儿？这个问题必须等待进一步探索海洋奥秘才能得以揭秘。激动人心的新发现似乎即将呼之欲出。现在，海洋学家和地质学家拥有更先进更好的仪器来探测海洋的深度，对岩石和深层沉积物进行采样，可以更清晰地阅读过去历史留下的“只言片语”。

与此同时，海洋在地壳运动中起伏不定，变化阶段不是按小时测量，而要横亘千年——变化巨大到人类无法想象、无法理解。如果人们有幸揭秘其终极原因的话，那么这个原因可能还深藏在地球的火热中心，或者可能位于宇宙中某个黑暗空间里。

|第二部分|

奔流不息

第九章
风与海行

海面四处飘荡着风的脚步。

——斯温伯恩

海浪不断侵袭英格兰最西端兰兹角的同时，也带来了遥远的大西洋彼岸的气息。随着逐渐靠拢海岸线，海床在急剧上升，海水的颜色也由深蓝变成了暗绿。海水越过“探测之声”的边缘，拍打在大陆架上，激起阵阵波涛，汹涌澎湃。海水越过浅滩继续向前，奋力地冲刷着锡利群岛和兰兹角之间的七方石海峡，像是对着海水中沉没的暗礁和熠熠闪光的岩石在耀武扬威。随着接近兰兹角那怪石嶙峋的尾端，海水淹没了位于海底的一个神奇机器。在这里，海水上升或下降的波动压力将通过仪器释放出许多遥远大西洋海域的信息，经内部机制进一步转化为人类可以理解的信息。

如果你曾来过这儿，跟这儿的气象学家聊过天，你就会知道，这儿的海水一刻不停地传递着远方的信息。气象学家会告诉你，哪些海浪是在风对水的作用下产生的，催生海浪的风力有多强，风速有多快，如果有必要的话，还有何时需要提高英格兰海岸的风暴等级警报。气象学家会告诉你，兰兹角记录仪上记录的大部分海浪都产生于纽芬兰和格陵兰岛南部的大西洋暴风雨中，有些海浪的溯源可以穿过西印度群岛和佛罗里达海岸，直到大西洋对岸的热带风暴。还有些海浪产生于世界最南端，沿着合恩角，转了一个大圈，又到陆地尽头，总行程多达6000英里。

加利福尼亚海岸上的海浪记录仪已经可以检测到很遥远的波浪，比如夏季里侵袭海岸的一些海浪实际上产生于南半球的西风带。自第二次世界大战以来，加利福尼亚海岸的康沃尔等海浪记录仪和美国东海岸的一些记录仪便一直投入使用。这些实验仪器都有一系列实验用途，其中包括开发新型天气预测方法。与北大西洋接壤的国家实际上并不需要依靠海浪来获取天气信息，因为那里有着数量众多且布局合理的气象站。目前使用海浪记录仪的海域实际上仅是作为该天气预测方法的实验室。这种天气预测方法将很快在世界其他地方投入使用，因为在那里除了海浪能带来气象数据外没有其他方法。特别是南半球，许多海浪来自人迹罕至的海域。没有船只会偏离既定航线而驶入这些海域。这些偏远海域上可能会产生风暴而不被人观测到，然后突然扫向海洋中部岛屿或暴露的海岸。数百万年来，暴风雨来临之前海浪会一直翻滚向人类发出警示，但直到今天我们才开始阅读这门语言。或者说，人类已经对这门语言开始进行系统科学的学习。在现代海浪学研究基础中有一部分是来自于民间经验。太平洋岛屿上生活的几代原住民早已总结出，当出现某种程度的涨潮就意味着台风即将来临。几个世纪以来，每当汹涌的潮水咆哮着冲向孤独的爱尔兰海岸，当地居民就会陷入对充斥着死亡阴影海啸的深深恐惧之中。

现代海浪学研究日趋成熟，从各方面来看，都有证据表明现代人类正依靠着海浪来满足日常需要。新泽西州朗布兰奇的钓鱼码头下，在距离海床1/4英里长的管线尽头，有一个海浪记录仪正默默地记录着来自大西洋的海浪。通过管线传输的电子脉冲展示出了每个波峰的高度和连续波峰之间的距离，这些信息传输到岸边检测站并自动记录为波形图。美国陆军工程兵团的海滩侵蚀委员会将会仔细研究这些记录，该委员会密切关注着新泽西州沿海地区的侵蚀率。

最近，飞机在非洲海岸附近高空飞行时拍摄了一组海浪和近海区域的重叠照片。经验深厚的科学家们从这些照片中确定了海浪向岸边移动的速度，然后运用一个数学公式，将海浪进入浅海区域的深度联系起来。英国政府通过这些信息，获得了“日不落帝国”范围以外的海岸信息。如果采用传统方式，这些数据可能需要耗费极大的代价和通过无穷无尽麻烦的程序。这种实用方法像人们获得海浪新知识一样，也是来源于战时的必要性。

第二次世界大战期间，特别是在欧洲和非洲的海滩上，常年对海洋状况，特别是海浪高度的预测，处于常规预备状态。但起初，理论在实际条件下的应用是困难的，海浪高度或海面动荡程度对船只或人员物资转移实际影响的预测也是如此。正如一位海军官员所说，军事海洋学的第一次实战尝试是“最可怕的教训”，因为人们对“海洋性质基本信息都匮乏到几乎令人绝望的地步”。

只要地球存在，大量空气移动所形成的风就会在地球表面上来回扫过。只要海洋存在，海水就会随着风的流动而搅动。大多数海浪是风对水作用的结果。但也有例外，例如海底地震有时产生的潮汐。但是，大多数人所熟悉的海浪都是由风产生的。

海浪在公海中的运动模式相当混乱，无数不同波列混合、融合、取代、超越或有时甚至是相互吞没；海浪群自其起源开始，运动方式、速度、行动方向上就各不相同；有些海浪注定永远不会到达任何海岸，有些海浪注定要滚动过半个海洋，才能在远处海滩上躲避雷声。

多年来，经过诸多科学家的耐心研究，从这看似无望的困惑中梳理出了惊人的秩序。人们虽然需要更好地去了解海浪，还需要学会已经知道的知识，但现在已经可以重建海浪的生命历史，预测其在环境变化下的所有的变化行为，预示其对人类事务的影响。

我们在试图构建典型海浪的虚构生活史之前，需要熟悉海浪的一些物理特征。海浪的高度要从波谷到波峰算起，长度要从前一波峰到后一波峰的距离为准。海浪的周期是指后续波峰通过固定点所需的时间。这些维度都不是静态的，所有的变化都与风、水深和许多其他事物有明确的关系。此外，构成海浪的水分子也不会在海上直线前进，每个水粒子都描述了波形所通过的圆形或椭圆形轨道，然后又几乎返回到原始位置。幸运的是，正是如此，航海才是可能的，因为如果构成海浪的巨大海水直线直接穿过海洋，那么航海将再不可能。那些专业驰骋在海浪中的人经常使用一个美如画的词来描述海浪——“风之长”。“风之长”是海浪在风力恒定方向的驱动下，且没有阻碍的情况下所运行的距离。风之长越大，海浪越高。海湾或狭小海域空间内不能产生真正的大海浪。要产生最大的海浪，风速需要达到每分钟大约600到800英里。

现在让我们假设，大西洋远处产生的风暴，在经过一段时间的平静后，距离我们正在度暑假的新泽西海岸可能有1000英里。海风不规则地吹，阵风突袭，方向变换，但一般都会向岸边吹。风力下的海浪响应着压力的变化。海面不再平坦，而是沟槽交错的海槽和海脊。海浪逐渐向海岸移动的过程中不断由风控制着命运。随着风暴继续发展，海浪继续从风中获得能量而高度逐渐增长，向海岸移动。在一定程度上，海浪将继续为自身吸收风的强大能量，呈现在高度的增长上。但是当海浪从波谷到波峰的高度变得只有距离下一个波峰长度的约1/7时，海浪就要逐渐消失在白色浪花中了。肆虐的飓风经常会借助暴力对海浪大发雷霆；在这样的风暴中，最猛烈的海浪可能出现于风力消歇之后。

但是再来看诞生于大西洋上的风和水相互作用下的典型海浪，并依靠风的能量逐渐增高，诸多海浪开始汇成混乱而不规则的运动模式，而人类称其为“海面”。海浪逐渐远离风暴海域，高度减小，波峰之间的距离却逐渐增加，“海面”也变成“浪涌起伏”，以平均每小时15英里的速度移动着。在海岸附近，规则的浪涌模式取代了开阔海洋的湍流。但浪涌进入浅水区后发生了惊人的转变。海浪第一次进入浅水海域后，就会感觉到浅滩底部的拖累，而速度逐渐减弱，随后海浪波峰开始聚集，导致海浪高度突然增加，变得陡峭。海水随后溢出，翻滚流动的海水注入波谷，溶解在沸腾的浪花中。

岸上的观察者至少可以动动脑筋猜一猜，这些海浪在被或近或远的风暴塑造之前，会不会溢出到沙滩上。刚刚在风力塑造下形成的年轻海浪，在海面上具有陡峭的尖峰形状。人们从遥远的地平线上就可以看到海浪汇入时形成的白色浪花；一些浪花不断向前溢出，在前行海面上沸腾翻滚，最后迎来一个漫长而刻意的过程。但是，任何海浪进入碎波带就会高涨，好像聚集所有的力量去演绎生命的最后一幕，波峰向前行进，然后开始向前弯曲，整团海水突然轰隆隆地咆哮着进入低谷——这些海浪来自海洋中非常遥远的地方，已经在最终解散之前走了很远很远。

我们所熟悉的大西洋海浪的情况通常适用于全世界范围内的风浪。海浪一生中会发生很多意外。海浪能存活多久，能走多远，将以何种方式结束生命，这在很大程度上取决于海面环境。因为海浪的基本性质是移动，任何事物的阻碍都会让海浪消失解散。

海洋的本身力量对海浪的影响可能最为深刻。当潮汐洋流穿过海浪或与海浪逆行时，会触发海洋中一些最可怕的海啸。这就是苏格兰著名“栖息地”的成因，类似于设得兰群岛最南端的萨姆堡海角。“栖息地”在东北风中处于静止状态，但是随风而起的海浪无论从其他任何角度汇入，都会遇到潮汐洋流，要么在洪水中向海岸流动，要么在潮水中向海流动，好似两只野兽狭路相逢。海浪和洋流的“战场”宽度可能就是仅有3英里宽的海域，首先离开了萨姆堡海角，然后逐渐向海上移动，潮汐暂时消退。“船只在混乱、翻滚、沸腾的大海中，往往完全无法航行，有时甚至会沉没”，《英国群岛航行》报道，“而其他一些船则被困在一起好几天了”。许多危险的海域都已经被人们人格化了，在几代航海人中口耳相传。想当年在我们祖父那个时代里，彭特兰海峡的两端不时就有激流狭路相逢，又在奥克尼群岛与苏格兰岛北端分道扬镳。1875年《北海航行》在彭特兰海峡的航行提示中有对海员的警告，只字未改地保留到现如今的航海报中：

所有船只在进入彭特兰海峡之前，应做好封舱准备。即使在最好的天气下，也应该保护好小型船只的舱口，因为很难预知远处会发生什么事情。平静海面可能瞬息之间就惊涛骇浪，根本无法做即时准备。

这两个风云多变之地都是由于大洋潮汐和逆行洋流相遇而引起的。海峡东端经历着东行潮涌和洋流的斗争，在西端则是西行洋流潮起潮落的狂欢。根据《航海志》的说法：“从未体验过的人根本无法想象出海洋翻腾的程度。”

海浪和潮汐之间因愤怒而坚定斗争，而它们间的裂缝能为近岸提供保护。托马斯·史蒂文森很久以前就注意到，只要萨姆堡激流突然断裂并且波峰从海角猛烈降落，岸边几乎没有大浪；一旦潮汐的力量消耗殆尽，海浪再也无法在海上肆意流转，再也不能重击海岸或提升高度。而西大西洋芬迪湾口中混乱而迅捷的洋流跟从西南到东南任何角度而来的海浪都会猛烈对抗，以至于海湾内所有海浪几乎都是“本地起家”。

大海中，劲风可以在须臾转瞬之间湮没一股海浪，因为造物之力亦可毁之。因此，大西洋从冰岛直到非洲的海域上，刚刚形成的信风所到之处往往会压平阵阵浪涌。原本温和友好的风突然沿着海浪移动的方向增强，海浪波峰高度以每分钟1到2英尺的速度增加。一旦形成一组移动的海脊，风就只能夹在海槽中间，而那时海浪会更迅速地升高。

在海浪不断向岸前行的过程中，突出的岩石、泥沙浅滩、海湾口的沿海岛屿都发挥着至关重要的作用。从开阔的海洋向新英格兰北部海岸流动的长长浪涌很少有机会能走完全程，因为这些浪潮的能量都耗费在著名的水下高地乔治海岸上。这片被淹没的巨大高地的最高峰接近浅滩平面。围绕这些水下山丘阻碍旋转的潮流也会抢走海洋浪涌的能量，海湾内或分布在其周围的岛屿甚至也可能会吸收海角海浪的强度，即使沿海岸分散的珊瑚礁也充当着海岸的保护伞。高昂的海浪到了这里会被四散打破，从而永远不会到达海岸。

冰、雪、雨——海浪之敌，在适当的条件下可能会击打海洋或缓冲海浪的力量。松散冰块中的船只即使在大风肆虐、海浪侵蚀的情况下，也可以依靠平坦冰面航行。海中形成的冰晶增加了水颗粒之间的摩擦力从而平滑了海浪；甚至微观层面上，精致的雪花结晶也在小规模内起到了一定效果。但冰雹风暴也能瞬时塑造出一片汹涌的大海，就像是突如其来的倾盆大雨也常常会让原本平静的海面变成油丝般波光粼粼浪涌不停。

古老的航海时代中，每当海水汹涌难以航行时，潜水员们会在嘴里面含油，然后在海面以下再释放出来。这里所运用的知识如今每个海员都熟稔于心——油对开阔海洋的自由波有镇静作用。海事国家都会对海上紧急情况下如何使用石油做出官方说明。但是一旦波形已经开始，油对波浪则几乎没有影响。

南半球海洋中，没有什么海滩能去破坏海浪，西风塑造的巨大浪涌覆盖了世界各地，恰恰正是在这里形成了世界上最长的海浪和拥有最大波峰的侧向海浪。人们假设这里会发现最高的海浪，然而，目前没有证据证明这点。从工程师和船舶官员的出版物中选取的一系列报告显示，所有海域中波谷到波峰间距离高于25英尺的海浪都很少见。如果大风能完整地沿一个方向吹足够长的时间，风暴波可能会增高两倍，长达600到800英里，这样所产生的波浪可能会更高。海上风暴波的最大可能高度是一个备受争议的问题，大多数教科书都提出60英尺的保守估计，而海员顽固地认为这可以更高。迪蒙・迪尔维尔曾报告他在好望角遇到了高达100英尺的海浪，然后这之后整整一个世纪里，科学家一般都对这些数字持怀疑态度。然而，有一个巨浪的记录，由于其测量方法，被大多数人认为是可靠的。

1933年2月，美国拉马波号航船从马尼拉前往圣地亚哥时遇到了连续7天的暴风雨天气。从堪察加半岛一直延伸到纽约海域的一部分天气干扰造就了这场风暴，并且风速不间断地维持在每小时数千英里。暴风雨的高峰期内，拉马波号航船选择沿着风向和海浪的方向前进的航向。2月6日，风力达到了最强，风速为68节，狂风怒吼，海浪一度如同山丘般涌起。拉马波号上的一名军官在当天凌晨时分站在船桥上，在月光下看到巨大海浪升到船尾，直到主桅巢上的铁带上方。拉马波号船吃水平稳，船尾末端恰好在波谷。综合这些情况，从架桥到波峰可以实现精确视线测量，并且基于船舶尺寸的简单数学计算可以得出海浪的高度，数值高达112英尺。

虽然海浪在公海上能造成大量航船和人员损失伤亡，但是世界上海浪最具破坏性的地区要数海岸线周围。充足的历史案例证据表明，无论海上风暴波的高度如何，都能在电闪雷鸣的伴随下掀起惊涛骇浪去吞噬灯塔，粉碎建筑物，并在海上100至300英尺的范围内随意投掷石块。在海浪的这种力量面前，码头、防波堤和其他海岸设施都像儿童玩具一样脆弱。

世界上几乎每个海岸都会接受猛烈风暴的定期访问，甚至也有一些海岸从未见过温柔和煦的大海。“世界上没有比这更可怕的海岸了！”火地岛领主布莱斯勋爵大声说道。据报道，岸上雷声正在发出阵阵咆哮，如果在寂静的夜晚里，在内陆上传播可远达20英里。“看到这样一个海岸，”达尔文在他的日记中写道，“足以让一个土生土长的人整整一周梦到死亡、危险和海难。”

其他人声称，美国从加利福尼亚州北部到胡安·德富卡海峡的太平洋沿岸比世界上任何海域的海浪都要巨大。但是冰岛和不列颠群岛之间时不时向东流经的气旋风暴造成的海浪，似乎并不比设得兰群岛和奥克兰群岛间的海浪逊色多少。康拉德曾用散文抒发了这种风暴的所有感觉和愤怒，现都收录在平淡无奇的《英国群岛航海志》：

> 这里每年通常会发生4到5次极大风暴，当时，空气和水的界限消失不见，即使是距离最近的物体也都遮着层海雾，一切似乎都在浓烟笼罩之下；开阔的海面上，海浪立刻升起，浪花撞击着几百英尺之上的岩石海岸，蔓延到整个国家。
>
> 然而，狂风暴雨的持续力非常短暂，反倒是普通大风连续多天吹过对大海会造成更严重的影响；当大西洋集齐全部力量在奥克尼群岛海岸上肆虐，重达多吨的岩石被风吹起，碎浪席卷到60英尺的高度。北海的汹涌咆哮可以在哥斯达海角西北12英里的地方清晰听到。

世界上第一个测量海浪之力的人是罗伯特·路易斯的父亲——托马斯·史蒂文森。史蒂文森开发了一种被称为海浪测力计的仪器，并研究了让家乡苏格兰海岸遭受重创的海浪。他发现，冬季大风所塑造的海浪之力可能会达到每平方英尺6000磅。也许正是拥有这股力量的海浪在1872年12月的一场风暴中摧毁了苏格兰维克的防波堤。维克防波堤的向海端由一块重达800多吨的混凝土组成，用铁棒牢固地绑在一起组成底层石块。在冬季大风的高峰期间，驻地工程师从防波堤上方悬崖上的一个点观察到了海浪的冲击。让他难以置信的一幕就在眼前发生，混凝土块被抬起并向海岸扫过。暴风雨消退后，潜水员调查残骸时发现，不仅混凝土巨石，还有附着的石头都被吹走了，也就是说海浪凭一己之力松动、抬起、移动了重量不小于1350吨也就是270万磅的物质。海浪5年之后的又一壮举证明这仅仅是一次彩排，因为重达2600吨的新码头再一次在风暴中被海浪带走了。

海上岩架上孤独的灯塔看守人，或是暴露在狂风暴雨中的岩石岬角都可以轻松编制出一份清单来罗列海洋的各种乖张怪异行为。在设得兰群岛最北部的安斯特，一扇高出海面195英尺的灯塔门被海浪击碎。英吉利海峡的主教岩灯塔上曾在冬季大风期间，被大风从高于海面100英尺处吹走1只大钟。11月里的一天，苏格兰海岸的钟岩灯塔附近海域上虽然没有风，但是海面浪涌仍在膨胀。突然，其中一股海浪在塔楼周围升起，上升到灯塔顶部的镀金球之上，也就是岩石上部117英尺处，并且顺便带走了1米距离海面86英尺的梯子。在一些人看来，这些事情像是在超自然力的操纵下发生的，比如说1840年的埃迪斯通灯塔。灯塔的入口门按照惯例用强力螺栓制成。在一个波涛汹涌的海洋之夜里，门从内部被打开，所有的铁螺栓和铰链都松开了。工程师说，这种事情是由于气动作用而发生的——由于重浪的衰退，门外压力突然释放而产生的突然后退。

美国的大西洋沿岸上马萨诸塞州迈诺特岩架上的97英尺高的塔楼经常被波浪击碎然后冲刷进浩瀚大海。早在1851年，这个灯塔里的灯就被大海卷走了。人们也经常会说起加利福尼亚州北部海岸的特立尼达海角灯塔经历12月风暴的故事。看守人从高出海面196英尺的灯笼天窗里观察风暴时，他发现附近的派利特岩一次又一次地被百尺高的海浪席卷吞没。然后，更大的海浪袭击了灯塔底部的悬崖。坚固的水墙似乎上升到了跟灯塔相同的高度，浪花雾气完全喷到了塔上，完全阻挡了光线的传播。

强风暴推着海浪沿着岩石海岸而来，逐渐通过石块和岩石碎片的武装后，极大地增加了破坏力。一块重达135磅的岩石曾经落在俄勒冈州海岸蒂拉穆克岩石灯塔的上面，高出海平面整整100英尺。巨石后来在坠落时，穿过屋顶，留下一个20英尺的洞。同一天里，规模较小的岩石阵雨袭击打破了海拔132英尺高的灯塔里的许多玻璃窗。最令人惊奇的故事要数邓尼特角灯塔，该灯塔位于彭特兰海峡西南入口处300英尺高的悬崖顶上。灯塔的窗户被从悬崖上扫过的石头反复打破，被海浪冲向高处。

数不清多少年里，海浪一直冲击侵蚀着全球海岸线，也许在这里切断了悬崖，在那里又从沙滩上剥去了大量的沙子，或经过惊天大逆转塑造出暗礁或小岛。海浪作用与导致半个陆地洪水泛滥的缓慢地质变化不同，是人类在短暂生命跨度里可以见证的，因此我们每个人都可以亲眼看到海水对大陆边缘的雕蚀。

科德角的高黏土悬崖在伊斯特姆崛起，一路向北直到消失在鸡翼角附近的沙丘中。消失的速度如此之快，以至于政府作为高地灯塔所在地的10英亩土地有一半已经消失了。据说悬崖也在以每年大约3英尺的速度后退。从地质学的角度来看，科德角并不是最古老冰河时代的冰川产物，但显然海浪已经将其切断，形成了一条宽约两英里的土地带。按目前的侵蚀速度，海角外层注定要消失，可能过4000或5000年后就再也见不到了。

海洋对付岩石海岸的方法是通过磨削将其磨损，凿出岩石碎片，而每一块碎片都反过来成为磨损悬崖的工具。当岩石被大量削弱时，整块巨大岩石块就会落入海中，被海浪研磨搅碎之后反而为海浪的攻击力提供了武器。岩石海岸上，岩石和碎片的磨削和抛光不断地发出声音，而海岸上的碎浪与含有沙子的碎浪有着不同的声音——那种深沉的轰轰隆隆声，让人难以忘却，即使只是随便在这样的海滩上散散步的人也会过耳不忘。几乎没有人在海洋深处聆听过波浪的嚯嚯轰鸣，这个声音恰如亨伍德先生在访问一座延伸到海底的英国矿井后所描述的那样：

> 我们站在悬崖底部之下的矿场里，海洋跟我们相距只有9英尺。巨石块伴随着不断磨碎的鹅卵石不断落下，波涛轰鸣声随着石块反弹时的噼啪声阵阵不绝，这是一场我所见过最骇人听闻的暴风雨。这一切，让我永生难忘。我们不止一次怀疑岩石盾牌的保护作用，我们正确地选择了退缩；只有经过反复试验，我们才有信心进行调查。[①]

英国，作为岛国，一直意识到自己国家海岸线不断被“强大的海洋啃咬”。1786年，测量员约翰·图克准备了一张旧地图，在霍尔德内斯海岸上标出了一长串失落的城镇和村庄，其中有霍恩锡波顿镇、霍恩锡贝克镇和哈特伯恩镇——它们都“被海水冲走”了；古代的威瑟恩西城、海德市还有海斯镇——它们都“迷失在海中”。许多其他旧记录也提供了证据，可以将现有海岸线与曾经海岸线进行比较，发现海岸的许多地方每年都在以惊人速度被侵蚀——霍尔德内斯每年被侵蚀15英尺，克罗默和曼斯利之间每年被侵蚀19英尺，索思沃尔德每年有15到45英尺不等的侵蚀速度。一位海洋工程师曾这样写道，“英国海岸线结构从没有连续两天相同过”。

---

① 来自1843年，《康沃尔郡地质汇报》第五卷。

然而，波澜壮阔的海洋也带给我们一些最美丽和最有趣的海岸线风景。海蚀洞几乎完全是由海浪在悬崖上塑造出来的。海水冲入岩石中的裂缝并通过液压迫使石质分开。多年来，裂缝不断扩大，还有无限数量的细岩石在不断减少，这都保证了洞穴在不断形成。这样的洞穴内部，进水的重量和由封闭空间中的水的运动引起的奇怪吸力和压力可以继续保证洞穴的“挖掘”。这些洞穴（以及陡壁悬崖）的顶部遭受来自碎浪海流的上升打击，海浪的大部分能量都注入了这些上升海流中。最终，洞穴顶部被穿出了洞，形成一个喷射角。或者，狭窄的海角上，最初形成了可以从一侧到另一侧的洞穴，进而形成一座天然的桥梁。后来，经过多年的侵蚀，拱桥可能会落下，留下向海的独立岩石群——奇形怪状类似烟囱的堆叠石块。

海浪已经在人类想象中牢固地树立了潮汐波的形象。这个术语普遍适用于两种非常不同的海浪，这两种海浪都与潮汐没有任何关系，一种是海底地震产生的地震海浪；另一种是极大的风或风暴波——由强力飓风驱动的水位线远远高于正常的海浪。

大多数地震海浪，现在被称为“海啸”，出生在海底最深的海沟中。日本海沟、阿留申海沟和阿塔卡马海沟都产生过夺走许多人生命的海啸。海沟就其本质而言，是地震的繁殖者，因为这是一个充分扰乱和不稳定的地方，在海底向下弯曲翘曲，形成地球表面最深的坑。从古人的历史记录到现代报纸都经常提到这些海域中会突然掀起巨大海浪，突然升高，对沿海的人类定居点造成破坏。最早的记录之一是在358年的地中海东岸，海浪升高完全穿过岛屿和低洼海岸，亚历山大港的屋顶上布满船只，淹死了数千人。1755年，里斯本地震之后，据说比地震时最高海浪还要高出50英尺的海浪席卷了卡迪斯的海岸。当时，地震发生才刚刚1小时。这些不安的海浪也同样席卷了大西洋，9个半小时后就到达了西印度群岛。1868年，南美洲西海岸近3000英里一段海域发生了地震。最激烈的冲击之后不久，海浪从海岸退去，留下了停泊在泥浆中深达40英尺的船只；然后海水作为巨浪再次回归，将这些船只运到内陆接近1/4英里的地方。

海洋从正常水位的这种不正常撤离通常是地震波浪即将到来的第一个警告。1946年4月1日，夏威夷海滩上惯常所有的碎浪声音突然停止，只有一种奇怪的安静，那时当地人全部都惊慌失措，非常无助。因为他们无法知道海浪这次从珊瑚礁和浅海岸进行的撤退是大海对2000多英里以外的阿留申群岛深海沟陡坡地震的反应，或者还是在短时间内水位会迅速上升，形成几乎没有浪花的惊涛骇浪。有人曾目击过海水升高到超出正常水位25英尺以上的场景，他曾这样回忆：

> 巨大湍急的海啸冲向前方海岸和陡峭山崖……海水所过之处一片狼藉，露出长达500英尺的大片珊瑚礁、沿海泥滩和海底。海水迅速而湍急地流动着，不断发出嘶嘶的咆哮声。在一些地方，房屋被冲到海上，甚至还有大块岩石和混凝土块被冲进了珊瑚礁……人们和财物都被冲进海里，很多人在几小时后才通过飞机扔下来的救生筏得以获救。[①]

开阔海面上，阿留申地震产生的海浪只有一两英尺高，并不引人注意。然而，这股海浪却有惊人的长度，后续波浪波峰之间的距

---

① 来自1947年，《史密森学会年度报告》。

离长达90英里。海浪只需要不到5个小时就能到达2300英里之外的夏威夷群岛，所以海浪的平均速度在每小时470英里以上。海浪在东太平洋海岸所保留的纪录为18小时之内到达南半球的智利瓦尔帕莱索，也就是距离震中8066英里的地方。

地震海浪的独特性在其他所有海浪里可谓是独树一帜。人们开始思考，现在对这种海浪及其表现情况或许已经有了足够的了解，可以设计出一种警告系统，去免除人们受到意外袭击的可能。地震学家和海浪潮汐专家合作，现在已经建立了这样的系统来保护夏威夷群岛。配备有特殊仪器的站点网络分散在太平洋上，从科迪亚克到帕果帕果，从巴尔博亚到帕劳。预警系统分为两个阶段，其中之一是基于美国海岸和大地测量局运行的地震仪站的声音报警，该报警能立即关注到地震是否已经发生。如果发现地震震中位于海洋之下，并有可能产生地震海浪，则会向特定潮汐站的观察员发出警告，观察仪器量表获取海啸即将通过的证据。（即使是一个非常小的海啸也能通过固定周期来识别，因为海浪可能在一个地方很小，但在另一个地方已经发展到非常危险的高度。）当檀香山的地震学家得知发生了海底地震，并且实际上已经有些站点记录了海浪，那么科学家们就可以计算出海浪会在何时从地震震中点到达夏威夷群岛。然后他们可以发布针对海滨区域的疏散警告。这是人类有史以来第一次有组织地努力防止这些不祥的海浪突然咆哮在有人居住的海岸上。[①]

风暴海浪有时会席卷飓风区内的低洼海岸地带，但与普通风或风暴不同，风暴海浪总是伴随着水位的上升，即风暴潮汐。水位上升得往往是如此突然，以至于人们根本来不及逃逸。这种风暴海浪造成的生命损失占热带飓风所造成整体损失的3/4。美国所经历的风暴海浪的大灾难有1900年9月8日得克萨斯州加尔维斯顿、1935年9月2、3日佛罗里达群岛下游，以及1938年9月21日新英格兰所遭受的飓风带来的灾难。1737年10月7日，孟加拉湾发生了有史以来最惨烈的

---

① 警报系统从建立之日起到1960年，已向夏威夷群岛的居民共发出8个地震波警报。其中有3次，海浪实际袭击了这其中大部分岛屿。1960年5月23日，那次海啸是最具有破坏性的一次，从智利海岸的地震发生地一路扩散到太平洋。如果当时没有预警，生命损失将严重到无法想象。檀香山天文台的地震仪一发现智利发生了地震，该系统就开始运作了。分散的潮汐站也给出报告充分说明地震波已形成并在太平洋上蔓延开来。天文台通过早期的新闻公报和后来的官方海浪警告来提醒该地区的居民，并预测海浪到达的时间和受影响的区域。事实证明，这些预测在合理范围内是准确的，虽然财产损失很大，但生命损失仅限于少数无视警告的人。据报道，海浪活动覆盖到新西兰西部和阿拉斯加北部，日本海岸也被海浪袭击。尽管美国的警告系统现在还没有包括其他国家，但檀香山的官员却向日本发出了警告，不幸的是，预警被忽视了。

现在（1960年）的警报系统包括在太平洋东岸和西岸以及某些岛屿上的8个地震仪站，20个广泛分布的波站，其中4个配备有自动波探测器。海岸和大地测量调查认为，额外的海浪报告潮汐站将提高系统的有效性。然而，现在它的主要缺点是，当海波到达海岸时，不可能预测其高度，必须对所有接近的地震波发出相同的警报，因此需要研究预测波高的方法。然而，即使目前存在局限性，国际上也充满了将该系统扩展到世界其他地区的浓厚兴趣。

飓风事故，当时有2万艘船被摧毁，30万人被淹死。[①]

还有其他通常被称为“巨浪”的巨型海浪，会周期性地出现在某些海岸上，这些破坏性海浪能一连持续数天。这些虽然也是风暴波浪，但与海洋上的气压变化密切相关，可能对数千英里外的目的地海滩也有影响。低压海域——如冰岛南部——是臭名昭著的风暴培育地，从这里走出去的大风肆虐在海洋上。海浪离开风暴区后，往往变得越来越长，经过数千英里的海上旅行之后，就变成了长而低伏的涌浪。涌浪往往是如此规则和低伏，以至于人们根本注意不到涌浪何时穿过那些刚刚形成汹涌且短小的海浪海域的。但是当涌浪逐渐接近海岸，随着海底越来越浅，涌浪就会开始进入“高峰”，形成高而陡峭的波浪；碎波带里，陡峭的海浪会更加突出，波峰形成后会断裂伴随着大量海水倾泻而下。

北美西海岸的冬季涌浪是风暴从阿留申群岛南部进入阿拉斯加湾的产物。夏季里就会到达这里的海浪可以一路追溯到数千英里之外赤道以南的“咆哮西风带”。由于盛行风向的原因，从遥远的风暴中诞生的涌浪从来没有拜访过美国东海岸和墨西哥湾。

摩洛哥海岸一直受到涌浪极其严重的影响，因为直布罗陀海峡南部大约500英里海域内没有提供保护的港口。巨浪自古以来就

---

① 1953年2月1日，海啸席卷了荷兰海岸，这次海啸在海啸历史中应该占有一席之地。冰岛西部形成的冬季大风横扫大西洋，进入北海，它的所有力量最终都被阻挡在荷兰西南角的第一块土地。风暴驱使的海浪和潮汐在如此激烈的暴力中袭击了堤坝，以至于100多个古老的防御点被破坏，洪水淹没农场和村庄。风暴于1月31日星期六来临，等到周日中午，荷兰已经有1/8的土地处于水下。荷兰超过50万英亩最好的农业用地被盐水淹没，成千上万的建筑物，数十万的活畜，约1400人都丧身于大海。荷兰与海洋斗争的漫长历史中，这是遭受海洋攻击最惨重的一次。

会一路席卷阿森松岛、圣赫勒拿岛、南特立尼达岛和费尔南多岛—迪诺罗尼亚群岛的大多数岛屿。显然，里约热内卢附近的南美海岸上也能见同样的海浪，在那里被称为“牛轭湖”；南太平洋西风带的暴风雨中还奔腾着许多同类海浪，席卷了派莫托群岛的海岸；还有一些海浪造成了南美洲太平洋沿岸让人困扰，众所周知的“多浪日”。据罗伯特·库什曼·墨菲说，曾经进行鸟粪贸易的船长们都有约定要求在特定几天里多加补贴，因为这几天他们的船只装载将被涌浪袭击。众所周知，在这样的“多浪日”里，强大的巨浪倾泻在海堤上，可以带走40吨的货车，连根拔起混凝土墩，铁轨像铁丝一样被扭来扭去。

涌浪从发生地缓慢前来的这一过程给摩洛哥王国一个机会去建立系统机制来预测海洋状况。在经历了无数漫长而麻烦的船只码头失事事故后，这一系统终于在1921年完成。关于海况的每日电报会提前通知让人害怕的“多浪日”的到来。接到涌浪正在接近的警告后，港口船只可能会去公海上寻求安全。这项服务建立之前，卡萨布兰卡港曾经瘫痪了7个月，圣赫勒拿岛港口内曾几乎遍布了所有船只残骸。英国和美国现在正在进行测试的现代海浪记录仪器将很快为所有这些海岸提供更强的安全保障。

总是看不见的事物最能激发人们的想象力，海浪尤为如此。海洋中最大而令人敬畏的海浪是不为人所见的，海浪继续沿着隐藏在海洋深处的神秘路线不断滚动前进。多年来人们都知道，北极探险队的船只几乎经常陷入困境，只能在“死水”中艰难前行——现在人们认为“死水”是淡水薄层和下层之间边界的内波盐水。20世纪初期，一些斯堪的纳维亚水文学家就提请人们注意海底波的存在，但是在科学有工具去彻底研究它们之前，又是整整一代人的岁月过去了。

现在，尽管神秘仍然围绕着海浪起伏的背后，深深埋藏在深海里，但人们已经熟悉海洋范围内的洋流发展。深海中洋流的力量也完全左右着潜艇，就像是海面洋流对待船只一样。深海版本洋流似乎跟墨西哥湾流和其他强大的海流完全不同，形成自己的戏剧性变换。不同水层之间可能会在边界发生内波，正如波在空气和海洋之间的边界处发生的那样。但这些海浪从未在海洋表面移动过，但所涉及的水团巨大到不可思议，一些海浪可以高达300英尺。

深海对鱼类和其他深海生物的影响我们知之甚少。瑞典科学家说，当深海内波在深海山脊滚动进入峡湾时，鲱鱼被带入瑞典的一些峡湾。在开阔的海洋中，我们知道不同温度或盐度的水团之间的界限所表示的海洋条件的轻微变化就往往是生物不能通过的屏障。这些生物本身是否会随着深海海浪而上下移动？大陆坡水温发生变化后底部动物群会发生什么变化？当海浪从北极寒冷地区进入时，生物的命运是什么？目前我们还不知道。我们只能感觉到，汹涌的海洋中，隐藏的奥秘远远超过我们所已知的真相。

第十章
洋流旋转

年岁更迭，大海、阳光和那无人问津的风常年携手相伴。

——卢埃林·波斯

1949年仲夏的某一个周里，我们的船随着巡航舰信天翁三号在乔治海岸的大雾中摸索前行，亲身经历了大洋流的力量。我们和墨西哥湾流之间的冰冷大西洋一直维持在100英里的宽度不减分毫，但是墨西哥湾流那里温暖的气息持续不断地从南方吹来，笼罩住了乔治海岸。温暖空气和冰冷海水结合养育了那漫无尽头的海雾。信天翁号像是日复一日地在小小的圆形房间里兜圈子，四周“墙壁”全是柔软的灰雾“窗帘”，而“地板”全是玻璃般光滑的海面。偶尔会有一两只扑扑棱棱的海燕像巫术附身一样，穿“墙”而入，又破“墙”而出。傍晚时分，落日将落未落，红日好似悬挂在船索上的一轮浅银色圆盘，漫天飘扬的海雾捕捉到那弥漫的光芒，为我们创造了一个去寻找柯勒律治诗句记忆的场景。我们能感觉到洋流强大的存在感，但却从未亲眼见到，我们好像与之相互接近到就要昭然若揭，可是面纱却从未有褪去的时候，这远比直接相遇更具有戏剧性。

从某种程度上说，海洋最雄伟的现象就是这永久洋流。一想到洋流，我们的思路立即就不再只局限在地球上，而是好像开启了上帝之眼，可以从另一个星球观察那样，看到地球如何旋转，地表的风如何掀起巨大涟漪而又紧紧环绕，以及太阳和月亮如何对其产生影响。因为海洋的巨大洋流与所有这些宇宙力量都密切相关，我要用我最喜欢的形容词来描述这些洋流——行星洋流。

自创世伊始，洋流无疑已经多次改变了航行路线（例如，据我们所知，墨西哥湾流尚不足6000万岁）；但只有那些无畏的作家才敢去试图描述洋流在寒武纪、泥盆纪或是侏罗纪时期具有怎样的图谱。就人类历史存续的短暂时期内而言，海洋环流的主要模式不太可能发生重大变化，而且环流留给人类的第一印象就是其永久性。这并不奇怪，因为造就环流的力量在地球亘古万年中几乎没有显著的变化。风是洋流的主要驱动力，太阳会带来发生改变的影响，地球不断向东旋转的力量，还有陆地所造就的阻碍。

大海的表层受到太阳的不均匀加热，温暖海水随着膨胀而变得更轻，而那些冰冷海水变得更重、更密集。这种变化差异可能导致极地和赤道海域海水的缓慢交换：热带温暖海水在上层海域向着极地方向移动，而极地冰冷海水却在靠近海底海域不断向赤道方向移动。但是这些海水运动很快就变得模糊混杂，大部分都消失在风力驱动下的洋流运动中了。信风是最稳定的风，不断地从东北和东南方向沿着对角线吹向赤道。如果没有信风，就没有全球明流暗涌的洋流。在不断流动的海风和海水之上，无论是船、子弹还是鸟，地球自转过程中随心施加个偏转力，就能将所有移动的物体向右一转带到北半球，向左一转带到南半球。通过所有这些力量及其他因素的共同作用，所产生的洋流模式是缓慢循环的漩涡，在北半球海域中向右或沿顺时针方向运动，在南半球海域中沿逆时针方向运动。

但也有例外，印度洋，这个似乎永远跟其他海洋不同的存在就是一个重要的例子。印度洋洋流由反复无常的季风统治，随着季节而变化。在赤道以北，大量海流的方向可以是向东也可以是向西，这取决于季风要向哪个方向吹。而印度洋南部海域上则存在一个相当典型的逆时针洋流模式：赤道附近向西运动，又沿着非洲海岸向南，西风又向东到澳大利亚，向北又是季节性变化的迂回路径，而最终流入太平洋海域。

南极海洋，作为一个环绕地球的连续水带，是典型洋流模式的另一个例外。风力不断地从西方和西南方而来，驱动着南极海水流到东部和东北部，并且从融化的冰中带来的淡水量决定了洋流速度。这里的洋流不是一个封闭的循环，海水通过地表水流和深海路径排放到相邻的海域中，并从其中接收新的海水。

我们能在大西洋和太平洋海域中最清楚地看到造就行星洋流的宇宙力量如何产生相互作用。

也许是因为大西洋已经见证了悠悠岁月，这里信风路线在长达多个世纪里发生的多次交叉和重新穿越所造就的洋流是航海人员所知最久的洋流，也是海洋学家进行研究最详尽的洋流。在帆船时代，数代海员都对汹涌的赤道洋流烂熟于心，他们向西行驶的决心是如此坚定，即使预备通往南大西洋的船只都几乎寸步难行，只能在东南信风区域进行必要的东移。庞塞·德·莱昂的3艘船于1513年从卡纳维拉尔角向南航行至托尔图加斯，有时无法在墨西哥湾流中逆向行驶，“尽管那里风非常大，但不能前进，只能退后”。几年后，西班牙船长学会了利用洋流航行，在赤道海流向西航行，但通过墨西哥湾流回到哈特拉斯角，从那里再进入开阔的大西洋。

1769年，当时本杰明·富兰克林任职殖民地的副邮政局长，在他的指导下绘制了墨西哥湾流的第一张航海图。波士顿的海关委员会抱怨说，来自英格兰的邮件包裹寄过来比罗德岛的商船还要晚上两个星期。困惑的富兰克林向楠塔基特号船长蒂莫·西福尔格询问了这个问题，从而得知这一情况很可能属实，因为罗德岛船长很熟悉墨西哥湾流，可以在西向的交叉海域避开它，而英国船长则没有这个经验。西福尔格船长和楠塔基特号上其他捕鲸者们都很熟悉墨西哥湾流，曾这样解释说：

> 我们在追捕鲸鱼的时候发现，鲸鱼可以始终保持在湾流的两侧，但却不会在内部跟其相遇，我们也沿着湾流侧面跑，经常跨越湾流来改变方向。在穿越湾流时，我们有时会遇到一些邮船坚持在湾流中间航行。我们告诉他们，湾流正以每小时3英里的速度对抗他们，并建议他们越过湾流，但他们好似太相信自己，不愿听从美国渔民的简单劝告。[①]

富兰克林认为“这个湾流没有在航海图上注明是个大遗憾”，并请西福尔格船长为他标记出来。就是这样，大西洋的旧航海图表上标注出了墨西哥湾流路线，后来富兰克林将这些图表送到了英格兰的法尔茅斯，送给邮船的船长们，“然而，他们轻视它”。后来这一航海图在法国得以出版，在法国大革命之后发表在《美国哲学

① 摘自《美国哲学会学报》，1786年第二卷。

学会学报》中。哲学社编辑发扬“勤俭节约”的精神，将富兰克林的图表和一个完全独立的人物组合在一起，成了约翰·吉尔平关于“鲱鱼的年度迁徙”的论文中的插图。后来一些历史学家错误地认为富兰克林对墨西哥湾流的解读和页面左上角的内容之间有些关联。

如果不是巴拿马地峡充当了偏转障碍，北赤道洋流将畅通无阻地汇入太平洋，就像是过去经历的许多地质时代里那样，像是南北美洲大陆还是分开的时候一样。到白垩纪晚期巴拿马山脊形成之后，洋流就迂回流动到东北部，重新进入大西洋，成为墨西哥湾流。湾流从尤卡坦海峡向东穿过佛罗里达海峡，强大到让所有人都印象深刻。如果非要在海中引入历史悠久的“河流”概念去描述的话，“河两岸”间的宽度达95英里。从“河面”到“河床”深达1英里。“河流”以近3节的速度流动，流水体积是密西西比河体积的数百倍。

即使在使用柴油动力的这些日子里，佛罗里达州南部的沿海航运也对湾流表现出了足够的尊重。如果你在迈阿密河的小船上，几乎任何一天里都可以看到大型货轮和油轮向南移动，似乎惊人地接近佛罗里达礁岛群。靠近岸边是由淹没礁石壁所组成的几乎固若金汤的完整围墙，大黑鳍珊瑚不断在海面一二英寻之内将自身固体碎块附着其上。墨西哥湾流不断向海流动着，如果有大船选择向南靠近它，就要消耗很多时间和燃料。因此，这些船在珊瑚礁和湾流之间都在小心翼翼地选择航线。

佛罗里达州南部湾流的能量可能来源于它实际上正沿着下坡向下流动。狭窄的尤卡坦海峡和墨西哥湾里，强烈的东风吹起如此多的海洋表层海水，那里的海平面高于开放的大西洋。佛罗里达州墨

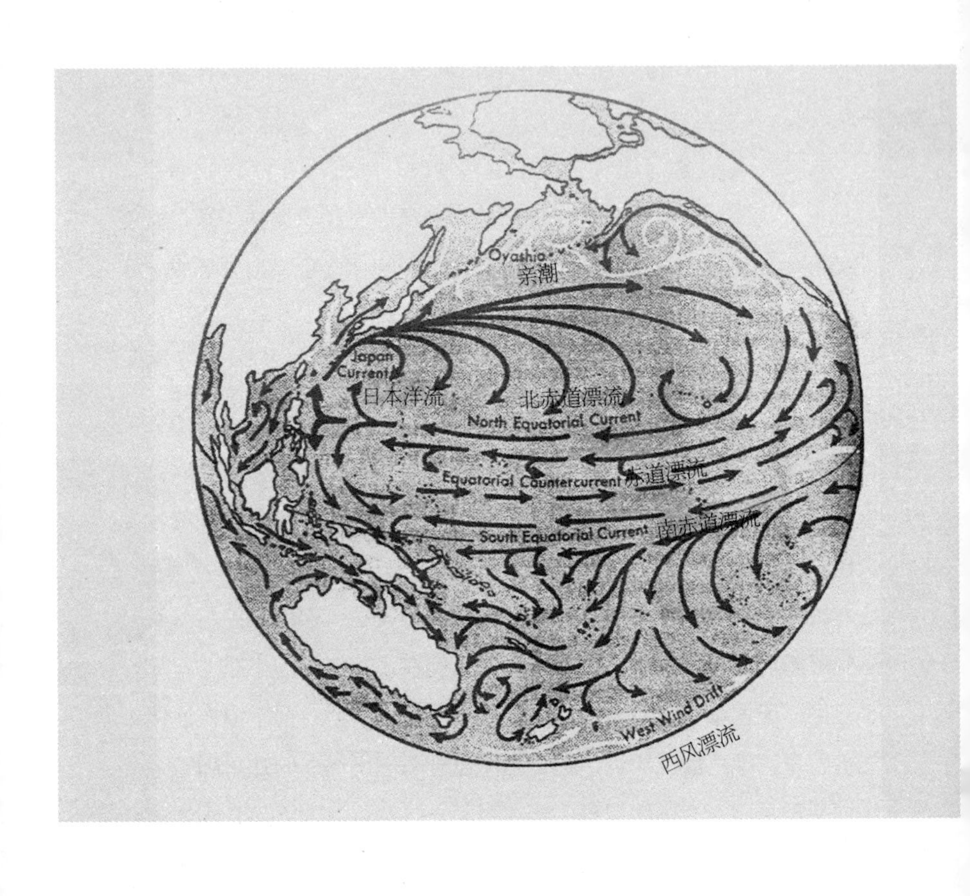

大西洋和太平洋海洋中在强大的风力驱动下的洋流系统，冷洋流呈白色，暖洋流或过渡洋流呈黑色。

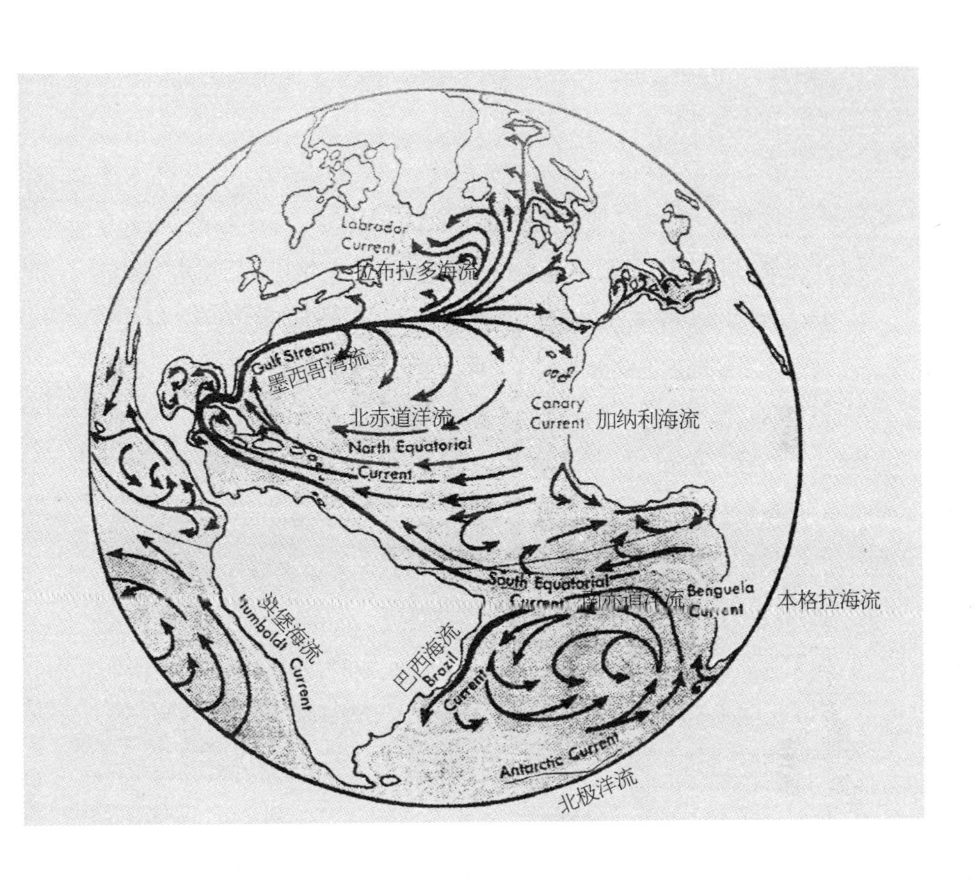
Labrador Current
拉布拉多海流
Gulf Stream
墨西哥湾流
北赤道洋流
Canary Current
加纳利海流
North Equatorial Current
South Equatorial Current
Benguela Current
本格拉海流
Humboldt Current
Brazil Current
巴西海流
Antarctic Current
北极洋流

西哥湾沿岸的细得礁海域，海平面比圣奥古斯丁礁高19厘米（约$7\frac{1}{2}$英寸）。洋流本身就存在不均匀性。较轻的海水在地球的旋转作用下偏向洋流的右侧，因此在墨西哥湾流内，海面实际上向右倾斜。沿着古巴海岸，海洋比陆地大约高出18英寸，完全颠覆了“海平面”这个词所表达的字面意思。

墨西哥湾流向北沿着大陆坡轮廓流向哈特拉斯角，从那里汇入大海，抛弃了沉没的陆地边缘。但湾流给陆地留下了深深影响。南大西洋海岸有4个雕刻精美的海角——卡纳维拉尔海角、菲尔海角、瞭望角、哈特拉斯角——显然是由湾流通过的强大漩涡所塑造的。每一个海角都是从陆地上向海突出的尖端，在每对海角之间，海滩以一条长长的弯曲弧线延伸——海湾湾流漩涡中水流有节奏地旋转。

哈特拉斯角之外，湾流离开了大陆架，向东北方向转动，成了一条狭窄的蜿蜒洋流，始终与两侧的海水完全分开。在大浅滩“尾巴”之外的海域上，拉布拉多海流的冷绿色北极水与湾流温暖的靛蓝色海水之间的分界线最为鲜明。在冬天，洋流边界的温度变化是如此突然，以至于当一艘船穿过墨西哥湾流时，瞬时间，船首所处海水温度比船尾温度要高20度，好像两个水团间有“冷壁”这样的坚硬障碍物将其分隔。世界上浓雾最密集的浅滩区域之一就是位于拉布拉多洋流上的冰冷海域——厚厚的冰盖层，这是大气对墨西哥湾流入侵寒冷的北海海域所做出的反馈。

当湾流来到大浅滩“尾巴”的海底崛起时，它就向东弯曲并开始分散成许多复杂弯曲的小支流。这些源自巴芬湾和格陵兰岛的运送冰山的北极海水的力量，可能会帮助湾流继续向东方前行——而在那里地球自转的偏转力，总是将湾流带到右侧。拉布拉多洋流本身（向南移动的洋流）是向大陆运动的。如果下次你想知道为什么美国东部某些沿海度假胜地的海水很冷，请记住这正是横亘在你和温暖的墨西哥湾流之间的拉布拉多洋流。

穿过大西洋，湾流就不那么像洋流，而更像是漂流的水流，主要向着这三个方向散开：向南进入马尾藻海域；向北进入挪威海，形成漩涡和深漩涡；向东进一步温暖着欧洲海岸（其中一些甚至可以汇入地中海），然后作为加那利海流重新加入赤道洋流，以形成这一闭合的循环。[①]

南半球的大西洋洋流运动实际上是北半球洋流运动的镜像，呈现大螺旋逆时针方向沿西、南、东、北方向移动。这里的主导洋流——本格拉海流——在海洋东部而不是在西部。这是一条沿着非洲西海岸向北移动的冷洋流。南赤道洋流，在海洋中部是一股强大的洋流（挑战者号科学家说，洋流从圣保罗岩石倾斜而过时就像一条巨大的河流），其中大部分都汇入了南美洲海岸的北大西洋——每秒钟大约有600万立方米海水流过。其余部分成了向南旋转的巴西海流，然后向东转成南大西洋或南极海流。整体洋流运动是浅水系

---

① 现在海洋学家们主要认为墨西哥湾流反映了哈特拉斯角以东海域不再有连续的温水河流，而是一系列重叠的水流，“有点像屋顶上的瓦片”。洋流不仅相互重叠，而且还非常狭窄且迅速。人们一直认为大浅滩以东是湾流的主支，现在才得以真正了解到其起源在于大浅滩以西的远海，那里并不是普通意义上的分支而是一系列新的洋流，每一股都在原有洋流的北面。

随着海洋学家对海洋环流动力学的研究越来越多，海洋与空气之间的相似性越来越让人震撼。库拉伯斯·艾瑟林是研究墨西哥湾流的首席科学家之一，他曾引人入胜地类比过湾流的分支：“高海拔地区的喷射气流似乎与中纬度地区盛行的西风有大致相同的现象，虽然大气喷射范围都比墨西哥湾流的重叠部分大得多。”

统，其中大部分都不超过上百英寻深度。

太平洋上的北赤道洋流是地球上最长的西风洋流，从巴拿马到菲律宾的9000英里海域上没有任何障碍阻挡。而在菲律宾遇到岛屿障碍后，洋流中大部分向北流动成了日本洋流，即墨西哥湾流的亚洲版本。还有一小部分洋流坚持继续向西流动，散布于亚洲迷宫般分布的岛屿群中；也有部分洋流翻转方向并沿着赤道逆流返回赤道洋流。日本洋流，因为海水呈深蓝色又被称为黑潮，一直沿着亚洲东部的大陆架向北流动，直到在大量冰冷海水，即亲潮的驱赶下而远离陆地，倾泻汇入鄂霍次克海和白令海。日本洋流和亲潮相遇的海域多出现雾和风暴现象，就好似在北大西洋，墨西哥湾流和拉布拉多洋流的相遇是以雾为标志的一样。随着日本洋流漂流到美国，它组成了北太平洋大漩涡的北墙。随着来自亲潮、阿留申群岛和阿拉斯加的冰冷海水的汇入，原本温暖的海水逐渐冷却，所以等日本洋流到达美国大陆时，它早已变成一股凉爽的海流，沿着加利福尼亚海岸向南移动。在那里，从深海上升的海水进一步将之冷却，这也对美国西海岸的温带夏季气候有很大的贡献影响。日本洋流最终在加利福尼亚州下游，重新加入北赤道流。

放眼南太平洋的广袤海域，我们似乎应该期待在这里发现最强大的洋流，但事实似乎并非如此。南赤道洋流经常被岛屿隔断，这些岛屿总是将海水导流到中央盆地中，所以，等到南赤道洋流接近亚洲的时候，它已经降级成为在大多数季节中都算是一个相对微弱的洋流，渐渐迷失在东印度群岛和澳大利亚周围混乱的洋流模式中。[1]世界上最强大的风催生了西风漂流或称为南极洋流——螺旋流动的极向弧形洋流——始终咆哮在那片几乎没有任何陆地障碍的海洋上。但是，人们目前对于南太平洋的大部分洋流的细节尚不完全清楚。只有一个洋流曾被科学家彻底研究过，即洪堡海流，而这一洋流对人类活动的影响如此直接，以至于抢了其他所有洋流的风采。

洪堡海流，有时被称为秘鲁洋流，沿着南美洲的西海岸向北流动，带来的海水几乎和它的老家南极一样寒冷。但这种寒冷实际上是深海的寒冷，因为洋流不断得到深海层海水的补充。正是由于洪堡海流，企鹅才有可能在赤道的科隆群岛上生活。这些富含矿物质的冰冷海水中海洋生物往往无比丰富，这点让世界其他任何地方都难以比拟。这些海洋生物的“直接收割机”不是人类，而是数百万

① 近期海洋学中最令人兴奋的事件之一是发现了一股在南赤道洋流下运行的强大洋流，但方向相反。逆流的核心位于地表以下约300英尺处（靠近科隆群岛东部附近较浅海域）。深层洋流宽约250英里，沿着赤道向东流动至少3500英里，速度约为3节（表面洋流的速度只有1节左右）。1952年，汤森·克伦威尔在美国鱼类和野生动物管理局对金枪鱼捕捞方法的调查过程中发现了深层洋流的存在。克伦威尔观察到，赤道金枪鱼的长线不会像预期的那样随着表面洋流向西移动，而是在相反方向迅速漂移。直到1958年，斯克里普斯海洋学研究所才对深层洋流进行了广泛的调查，并测量了其令人印象深刻的尺寸。同样的调查进一步证明了海洋的深层洋流循环远比人们通常意识到的要复杂得多，因为快速向东流动的洋流之下还有另一个向西流动的海流。因此，在太平洋赤道水域的最上半英里，有3条巨大的“河流”，一条在另一条之上，每条都独立于另一条而自行流动。当这些调查可以一直延伸到海底时，毫无疑问会揭露出更复杂的情况。

在详细绘制太平洋洋流图的前一年，英国和美国的海洋学家在墨西哥湾流和巴西海流下发现了从北流向大西洋的南流逆流。海洋学家们刚刚得以借助新技术有了这些新发现。随着技术使用得更加普遍，我们真正一无所知的海洋深层洋流循环将越来越少。

只海鸟。大量积累的鸟粪在充足阳光的照射下，给这海岸、悬崖和岛屿都刷了层“白漆”，这些都是洪堡海流带给南美洲人的财富。

罗伯特·科克应政府的要求，仔细研究了秘鲁的鸟粪工业，描绘了洪堡海流生命的瑰丽画面。他写道：

> ……大量鲣鱼追逐着巨大秘鲁鳀鱼群，而其他鱼类后面也有海狮在不懈地追逐着，同时还有成群的鸬鹚、鹈鹕、塘鹅和其他种类丰富的海鸟等待着捕食……鹈鹕排成长队，鸬鹚低空飞过好似黑云，还有那稀里哗啦的塘鹅“暴风雨”，世界上没有第二个地方能复现这一幕。这些鸟儿们几乎可以说主要以秘鲁鳀鱼为食。因此，秘鲁鳀鱼不仅是这些大鱼的食物，而且还是鸟类的食物，而人们每年可从这些鸟类那儿获得数千吨的高级鸟粪。①

科克博士估计，作为秘鲁地区鸟粪来源的鸟类每年所消费的鱼类数量相当于美国所有渔业总产量的1/4。由于鸟类这种与海洋矿物质紧密联系的饮食方式，它们的排泄物是世界上最有价值和最有效的肥料。

距南美洲的海岸不远，大约在布兰科角的纬度附近，洪堡海流向西转入太平洋，为赤道带来了凉爽的海水。科隆群岛附近就产生了一种奇怪的海水混合物——洪堡海流的凉爽绿色海水和温暖的赤道蓝色海水相遇的海域上出现大量裂口和泡沫，显露着深海中所隐藏的海水冲突运动。

---

① 来自1908年，美国渔业局《公告》，第二十八卷，第一部分，第338页。

这两团截然不同的洋流海水之间的冲突可能是海洋中最具戏剧性的现象。海面不断发出嘶嘶声和叹息声，充满泡沫造成的混乱湍流和沸腾，就好像有远处的断路器控制着深层海水替换浅层海水。海水不断向上运动的明显证据便是，海洋较深处的一些海洋生物可能被带入浅层海水中，而引发了食物震荡，大肆吞食食物，而又作为食物被更大的鱼吞掉。罗伯特·库什曼·墨菲曾在哥伦比亚海岸的一个夜晚里，从纵帆船阿斯克号上目睹过这一幕。黑暗夜晚里可以通过海面清楚地看到深海海水正在上升，深海里两种对立水团之间正在发生某种冲突。小小帆船上到处都是细小陡峻的海浪跃起后落下溶解的细小白色泡沫，渐渐被海洋生物那蓝色光芒的火焰刺破。突然，

> 船两侧，说不清道不明的距离上，都有一条黑暗的线条，就像一道前进的水墙，似乎正在向我们靠近……我们可以听到海面上各种飞溅和杂音的逐渐靠近……现在我们可以看到一缕散布着荧光发光点的泡沫，在缓慢接近或向左流动。法隆和我都有了个毫无根据的想法，这是不是模糊隐藏的海洋地震孔？我们只有一个已经拆除了的发动机，感到特别无助。此外，所有这一切如梦般缓慢行进，让我感觉我还没有完全从自己3小时的睡眠中清醒过来。
>
> 然而，我们逐步走进黑暗中白色线条所勾勒的“威胁”时，才发现这只不过是一片舞动的海域，不断将小小波峰甩向空中，并在阿斯克号的钢铁侧翼上捶打出文身……
>
> 现在我们耳畔能听到一股尖锐的嘶嘶声，性质上完

全不同于小海浪的爆破声，从黑暗中一直延续到右舷，这之后伴随着各种奇怪的叹息和喘气声……这些声音的制造来源是黑鱼，数十只，甚至上百只黑鱼在不断迟缓地游动着、笨拙地潜行以到达阿斯克号舱底……我们可以听到鱼儿们的隆隆声和咆哮声的狂欢喧嚣。我们借助探照灯的长光束发现，嘶嘶声来自小鱼儿们的跳跃。在光线照射到的各个方向上，都能看到小鱼们跳向空中然后像冰雹一样倾泻而下……

很多深海海洋生命在火热海面中，过着水深火热的生活，发出绝望之余的哭嚎。这里有龙虾幼虫、有色水母、虾虎鱼食物链、鲱鱼类、面部被咬掉的银色鲨鱼、垂头向下的舵鱼、熠熠发光的灯笼鱼、红色和紫色的游泳蟹，以及其他不了解名字，甚至体积太小都看不太清楚的生物……

一场大屠杀正在进行中。无脊椎动物或浮游生物被小鱼捕食到数量紧俏的地步；魷鱼正在追捕各种形状不论大小的鱼；而毫无疑问的是，黑鱼正要再来享受魷鱼带来的美味……

随着即将破晓，这里生命的丰富度和惊人活跃度却逐渐地在不知不觉间消失了。最终，阿斯克号再次行驶进入石油般静止不动的海面之中，海浪一圈圈地荡出越来越远，直到消失在远方。[1]

虽然相对来说，几乎没有人看到过这种令人兴奋的上升海流，

① 来自1944年《自然历史》，第五十三卷，第八部分，第356页。

即使这个过程经常发生在诸多海岸和公海等多处海域。无论哪里产生了这个海流，哪里就留下了海洋生命的繁华。世界上一些最大的渔场都依赖于这个上升海流。阿尔及利亚海岸以沙丁鱼渔业而闻名于世，沙丁鱼在这里丰富的原因，是因为深海冰冷海水向上运动所提供的矿物质恰好为天文数量级的硅藻提供了赖以生存的基础。摩洛哥的西海岸、加那利群岛和佛得角群岛对面海域，以及非洲的西南海岸也是上升海流带来丰富海洋生物的海域。阿曼附近的阿拉伯海和靠近哈芬角的索马里海域中蕴含着丰富的鱼类动物群，这两片海域都有来自深海的上升冰冷海流。阿森松岛北部的南赤道洋流实际就是从深层海水升起的“冷舌”，蕴含着丰富的浮游生物。合恩角以东的南乔治亚岛周围海域的上升海流，让这里成了世界捕鲸中心之一。在美国西海岸，沙丁鱼的捕获量有时高达每年10亿磅，成就了全球最大渔场之一。如果没有上升海流来启发了古老依旧的生物链：盐、硅藻、桡足类、鲱鱼的话，根本不可能产生渔场。沿着南美洲的西海岸向下，洪堡海流那令人惊讶的生命力也是通过上升海流来维持的，上升海流不仅让整个洋流到科隆群岛整整2500英里航线上始终保持寒冷，而且还不断从深海带来营养和盐分。

上升海流之所以能沿着海岸线不断翻滚，是几种力量相互作用的结果——风、海面洋流、地球自转和隐藏的大陆坡形状。当风力结合地球旋转的偏转效应，将海洋表层海水带离，深水就必须上升填补。

公海也可能出现上升海流，但产生原因完全不同。不论两个猛烈洋流在哪片海域里移动分离，那里的深层海水必须从下方升起以填充。太平洋赤道流的最西端就是这样一片海域，洋流有力地流动并将部分海水注入逆行洋流中，向北流向日本，一路波澜起伏动荡不休。北方海域对主洋流有强大的拉力，再加上地球旋转的敏感力量，洋流一路向右流转。较小的洋流形成了一些漩涡再次转向自身并流向东太平洋。深层海水不断涌升向海面，填补洋流间不断加深的沟槽。由此产生的不安分的海水中富集了来自深海的微小浮游生物。随着数量不断繁殖，它们作为食物供养了更大的浮游生物，而这些浮游生物反过来又成了鱿鱼和其他鱼类的食物。这些海域中蕴含着丰富的生命，并有证据表明已经存在了数千年。瑞典海洋学家最近发现，洋流分歧海域的沉积层非常厚——由数十亿微小生物组成，说明这里也是它们生老病死代代繁衍的家乡。

海洋表层海水向下深入恰如深层海水涌升般引人注目，甚至更加神秘莫测，让人充满敬畏，因为人们无法得见其过程只能想象。人们已知几个海域会定期有大量海水向下流动。我们对这些海水所形成的深层洋流的航线的了解甚为晦涩。我们确实知道这是海洋平衡系统的一部分，通过这一平衡系统，海域中外流的海水得以补充。

例如，北大西洋通过赤道洋流接收了来自南大西洋的大量表层海水（每秒约600万立方米），而“偿还”过程发生在深海之中，部分发生在非常寒冷的北极海水中，还有部分发生在世界上最咸、最温暖的海水——地中海的海水中。北极海水向下流发生在两个地方，一个是在拉布拉多海，而另一个是格陵兰岛的东南部。在每一片海域中，沉没的水量都相当惊人，每秒约200万立方米。地中海深层海水流入了地中海盆地中与开阔大西洋隔开的海底山脊。这一海底山脊位于海面下约150英寻。海水从多岩边缘溢出是地中海地区普遍存在的异常情况。炎热的太阳肆虐在几乎封闭的海面上，产生了极高的蒸发速率，蒸发进大气的水分远远多于河流流入海域的水分。水越来越咸，越来越稠密。随着蒸发的继续，地中海的海平面逐渐低于大西洋。大西洋中较轻的海水通过海面强大洋流流过直布罗陀海峡，来消除这个不均衡。

现在我们很少考虑这个问题，但是在大航海时代，由于这种海面洋流，驶往大西洋是一个难题。1855年的旧船的航海日志可以说明这种情况：

> 天气晴朗，偏航1¼。中午行使进阿尔米拉湾，停泊在罗盖塔斯村。发现大量船只在等待机会向西行进，并向他们了解到，由于天气和直布罗陀之间的关系，至少有一千艘帆船选择在这里等待。他们中的一些已经等了将近6个星期，有些甚至已经到了马拉加，但迫于洋流不得不返航。事实上，过去3个月内没有船只能够进入大西洋。

后来的测量表明，这些海面洋流流入地中海的平均速度约为3节。流入大西洋的深层洋流的速率甚至更强。洋流的向外流动是如此有力，以至于人们都知道它会破坏用来测量的海洋仪器，更会去撞击洋底的岩石；一旦法尔茅斯市电缆在直布罗陀附近，那像剃刀一样的海岸附近，就会被磨碎，所以必须抛弃旧电缆，而在近岸铺设一条新的电缆。

大西洋北极地区所沉浸海水和溢出直布罗陀海底山脊的海水广泛分布在海洋盆地的深处。这些海水穿越北大西洋，穿越赤道并继续向南，经过两层从南极海向北移动的海水。南极海水中有部分与大西洋海水混合——来自格陵兰、拉布拉多、地中海的海水——并随之返回南方。但其他南极海水向北移动穿过赤道，并一直跋涉到哈特拉斯角的纬度海域。

这些深层海水的流动其实根本不是“流动”，这些冰冷沉重海水的速度非常慢，可以说在蠕动。但却有惊人的数量，而且流动范围波及全球。海水甚至可能就是通过这样的全球漫游，逐渐分布了一些海洋动物——不是存在于海洋表层的生物，而是深海中的生命，那些生活在黑暗中的居民。根据我们对洋流来源的了解，在南非海岸和格陵兰岛附近发现了跟深海无脊椎动物及鱼类相同种类的生命，这是非常重要的。而在百慕大，人们发现了比其他任何地方更多种类的深海生命，其中包括来自南极、北极和地中海的深海生命种类。也许在这些没有阳光的洋流中，深海的怪异居民借助这些移动缓慢又几乎没有变化的洋流，得以一代又一代地漂移、生存和繁殖。

海水，从来没有完全属于过哪个大洋，无论是太平洋、大西洋、印度洋或南极海洋。我们今天在弗吉尼亚海滩或拉霍亚看到令人振奋的海浪，可能在几年前还拍打在南极冰山大陆坡上，或在地中海的阳光下闪闪发光，然后穿过黑暗、隐秘的深海，到达我们现在所能看见的地方。正是深海隐藏着的那些旋转海流构成了海洋。

第十一章
潮汐韵律

月与海携手相约，相伴相依，任凭地理万千。

——尊者比德

海洋中的每一滴海水，即使是最幽暗深海里的水分子也都会知晓并遵守潮汐形成的神秘力量约定。从没有任何其他力量可以对海洋产生如此大的影响。这种潮汐与风浪相比，是海洋表面的运动，至多涉及水下百英寻之内的海域。尽管潮汐在海面上有惊人的扫荡力，但全球洋流仅仅涉及海面上几百海寻的海水。潮汐运动包含着惊人的水量，这点可以通过一个例子来简单表达。北美洲东海岸帕萨马科迪的一个小港口里，每天潮汐洋流都会带来20亿吨的海水，而芬迪湾每天有千亿吨海水注入。

海洋中，从海面到海底，随处都可以发现潮汐影响整个大洋的有力证据。墨西拿海峡中相反方向的潮汐洋流相遇会形成涡流（其中有著名的卡律布迪斯涡流），在海峡海域内搅了个天翻地覆。灯塔所在的海滩上堆积着各种身负深海生活印记的鱼儿们，或是眼珠萎缩退化，或是眼珠大得出奇，或是身上器官全是鳞光闪闪，最终都成了莫西那海洋生物研究所丰富的深海生物动物群样本。

潮汐是海洋中的流动水对日月牵引力的回应。理论上，海洋中的每一滴海水跟浩瀚宇宙中每一颗星辰之间都有万有引力作用。但是实际上，遥远星体的微小作用在日月对海洋的巨大牵引力面前完全渺小到可以忽略不计。任何人，如果有机会亲近过潮水的话就会知晓，月亮对潮水的操控力远远大于太阳。月亮每天升起的时间平均来说要比前一天晚15分钟，所以大多数海域中潮汐最高峰来临的时间也在日渐推迟。伴随着每月周期内的月满盈亏，潮汐高度也都有相应的变化。每月两次，当月亮从夜幕上的仅仅一条银色细线变成白玉盘的时候，我们会见证到强烈的潮汐运动——每个阴历月中的最高涨潮和最低退潮，人们称这个变化过程是大潮。当日、月、地球在一条直线上，潮水在两个天体牵引力的叠加作用下上升越过海滩，冲向海边峭壁，在港口航道上划出闪闪浪花的海潮，以至于停靠在码头的船只都水涨船高。而每月中还有两次，当月亮仅剩一角，当日、月、地球构成一个三角形，太阳和月亮的牵引力相互抵消，潮汐运动非常温和，人们称为小潮。小潮时，潮水的涨退潮之间的差异是一个月当中最小的。

令人惊讶的是，虽然太阳的块头比月亮大2700万倍，竟然对潮汐的影响力比不过地球的这个小小卫星。这是因为在宇宙的运行机制里，距离比质量更重要，经过所有计算验算后，我们发现月亮对潮汐的作用是太阳的两倍。

但这不足以描述出潮汐运动巨大复杂性的万分之一。日月的影响力在持续地变化，随着月相不同阶段而变，随着日月同地球距离变化而变，随着两个天体在地球赤道南北方向而变。这个过程远远复杂于，天然或是人造的每一滴水都有自己的振荡周期。海面受到扰动后，振荡运动波形会呈现锯齿形，并且会在两端运动最为显著而在中心运动幅度最小。现在的潮汐科学家们认为海洋中有多个“盆地”，每个振荡周期由其长度和深度决定。海水进行运动的动力来源是太阳和月亮的牵引力。但是这种运动，即海水振荡周期取决于盆地的物理性质。这一切对真实潮汐来说意味着什么，我们已经亲眼见证了。

潮汐展现出令人震惊的自相矛盾，这背后的本质是：运动动力来源是宇宙力，完全游离于地球之外，并且似乎应该在全球范围内公平地上演着；但事实上特定地点的潮汐本质上是当地产物，即使相隔很短的地理距离也能有令人吃惊的差异。当我们在海边度过漫漫夏日假期时，有时会发现，朋友所在的海湾度假地即使跟我们相距只有20英里，也会跟我们这里有着非常不同的潮汐现象，也会与其他地点所发现的潮汐现象非常不同。我们在楠塔基特岛上度假的时候，不论游泳还是划船几乎都不会受到潮汐的影响，因为涨退潮之间只有一两英尺的差异；但是如果我们选择去芬迪湾上游度假的话，就要准备好经受40到50英尺潮汐的起起伏伏，即使这两个地方都是同一片海域——缅因湾的分支。如果我们在切萨皮克湾度假的话，会发现这同一个海湾沙滩上的不同地点在每天的涨潮会按小时变换。

当地地形地质对潮汐形成有至关重要的决定作用，这是无可争辩的事实。洋底大陆坡、海峡深度或是海湾入口宽度等因素会影响决定天体对水流运动的巨大牵引力到底会如何发挥作用，影响到何种程度。

美国海岸地质测量所有一台设计非常先进的设备，类似机器人，可以根据一个重要条件去预测全球范围内潮汐的任何来临地点和来临时间。这样就会发现本地观察到的地形特征有时会影响、修正和指导潮汐运动。

潮汐的广度也许是最惊人的差异，世界不同海域所发现的潮汐广度间有惊人差异。一个地方的常住民所认为的灾难级别的涨潮也许在另一个相距百英里之外地方的人看来，根本算不得是涨潮。世界上最高的涨潮发生在芬迪湾，海湾入口处的米纳斯湾在大潮时，涨潮高达50英尺。世界上至少还有一些地点也发生过超过30英尺的涨潮——比如说阿根廷的加勒哥斯港、阿拉斯加的库克湾、戴维斯海峡的弗罗比舍湾、流入哈德孙海峡的科肯河和法国的圣马洛湾。而在许多地方涨潮意味着海水仅仅升高一两英尺，甚至只有几英寸。大溪地的涨潮退潮非常温和，只有不到1英尺的差异。对于大部分海洋岛屿来说，涨退潮幅度都很微小。但是要概括说哪里有高涨潮，哪里有低退潮是非常不安全的，因为即使没有完全分开的两片海域对于生潮力的反应也可能非常不同。巴拿马运河在大西洋一端的涨退潮幅度只不过是一两英尺，但是在仅仅相距40英里的太平洋另一端，潮汐幅度高达12至16英尺。鄂霍次克海也展现出潮汐所具有的不同幅度，海域内大部分潮汐都非常温和，只有2英尺，但是在一小部分海域上涨潮幅度高达10英尺，其中在彭金斯克湾涨潮幅度达到37英尺。

同一片日月下的同一海域，是什么导致了一个地方的涨潮高达岸上四五十英尺，而另一个地方潮汐的涨幅仅仅只有几英寸？比如说是什么导致了芬迪湾的巨大涨潮，而仅仅几百英里之外同一片海域里的楠塔基特岛，涨潮幅度却几乎不超过1英尺？

现代潮汐振荡理论似乎给这些地区差异提供了最好的解释——每一个天然盆地中海水的起起伏伏都围绕着中枢性虚拟无潮汐节点

进行。楠塔基特岛位置恰好在盆地中心节点附近，而那里几乎没有振荡运动，所以会产生幅度非常小的潮汐。而在盆地沿岸的东北方，潮汐愈演愈烈，科德角的瑙塞特海角的潮汐达6英尺、格罗斯特海岸的潮汐高达8.9英尺、西科第海角的潮汐高达15英尺、圣约翰角的潮汐高达20.9英尺，以及福力海角的潮汐最为惊人，竟高达39.4英尺。芬迪湾的新斯科舍海岸与相对应的新不伦瑞克海岸相比，潮汐要更高一些，而湾内潮汐最高的要数米纳斯湾。芬迪湾内海水流动无边无际，背后的成因非常复杂。首先，海湾位置位于振荡盆地的边缘，此外，盆地的自然振荡周期是12小时，正好跟海洋潮汐周期非常接近。因此，海洋潮汐极大地促进与增强了海湾内的海水运动。海湾上流的狭窄低浅海道加上巨大数量的海水一起涌入这块不断缩小的区域，共同促进了芬迪湾潮汐的巨大高度。

不同海域之间的潮汐韵律跟潮汐幅度一样有很大差异。世界各地海洋都在夜以继日的潮涨潮落。但是在每一个阴历日里，会不会出现两次涨潮退潮，还是只能有一次？这点并没有固定规律。了解大西洋的人都知道，不论是东海岸还是西海岸，每天能见到两次涨潮退潮是非常正常的。每次涨潮时，海水都似乎前进到前所未有的高度；每次退潮时，海水都退到相当低的水位。但是在大西洋的著名内海，墨西哥湾内，所有不同海岸上都散布着完全不同的潮汐韵律。海湾内，即使最大的涨潮幅度也不过是轻微运动，不超过一两英尺。海湾沿岸上特定地点存在着漫长特有的潮汐起伏——在一个阴历日内持续24小时外加50分钟的起起伏伏——如同古老地球产生潮汐的呼吸韵律一般。地球上还有其他零星地方发现了这种“昼间节率”——比如说阿拉斯加的圣迈克尔湾、中南半岛的多宋海滩、墨西哥湾。到目前为止，世界上大部分海岸——太平洋大部分盆地和印度洋海岸——都混合有昼夜潮汐和半昼夜潮汐。一天内会有两次涨潮和退潮，但是后续潮水跟前一次潮汐幅度相比可能无法相提并论，第二次涨潮甚至都不能到达平均海平面水平，而且退潮水平也极度不均衡。

为什么日月牵引力对海洋中一些海域的作用跟其他海域不同？这个问题似乎没有简单的解释，即使潮汐科学家们可以利用数学计算非常明晰地阐述出这个问题。通过计算产生潮汐力量的不同组成部分可以获得答案的一些暗示，而这生潮之力的来源就是太阳、月亮和地球的位置变换。根据不同地质特征，地球和海洋的每一个部分都相互影响着，并且有着更快更显著的反应。大西洋海域的形状和深度决定其对产生半昼日节律的力量做出的反应最为强烈。而太平洋和印度洋却同时受到昼日节律和半昼日节律力量的作用，所以生成了混合潮汐。

大溪地岛作为小面积海域，是仅仅只对一种生潮力做出反应的典型例子。人们有时在大溪地，能通过观察沙滩和潮汐动向而分辨出一天内的具体时间。这一点虽然不是绝对正确，但是确实有这种说法。正午时分和午夜时刻的涨潮之间的差别几乎细微到无法察觉，早晨6点和傍晚6点的退潮也是如此。潮汐由此忽视了月亮的作用，并没有每天提前50分钟迎来涨潮。那么为什么大溪地的潮汐只跟随着太阳的号召而无视月亮的力量？目前人们最倾向的解释是岛屿位于海域盆地内月亮振荡的中心或者说是轴上。而在这一点上月亮力量的作用几乎没有带来任何影响，所以海水就可以依照太阳韵律自由运动了。

如果有一天，宇宙中的观察者决定为地球潮汐历史写本书的话，那么地球年轻时的潮汐毫无疑问是最为雄伟壮丽的篇章。潮汐一直在慢慢减弱流失，直到终将消失的那一天。因为潮汐并不会总是像现在这样，就像所有无法永生的事物一样，潮汐寿命可以描画出来。

当地球尚还年轻青涩之时，潮汐到来是一件惊人的巨大事件。如果月球的形成方式如同之前章节中所猜测的一样，是地球外地壳的一部分分割出去的话，那么在很长一段时间内月球必定距离地球非常近。月亮目前所在位置是20亿年间从地球越推越远的结果。当月球距地球仅有目前一半距离的时候，月球对海洋潮汐的力量是现在的8倍，那当时的潮汐幅度在一些海岸可能已经到达了几百英尺。当地球仅仅只有几百万岁的时候，那时如果海洋盆地已经形成了的话，那么当时的潮汐之力会巨大到如今的人们无法想象的地步。但是，奔腾而来的潮水将会泛滥淹没陆地所有的边缘。海浪幅度肯定会极度地延伸潮汐的范围，以至于海浪激烈拍打着峭壁悬崖，并不断向着陆地扫去，侵蚀着陆地。这些潮汐的动荡也是年轻地球不安动荡的一部分。

这样的条件之下，没有任何生物能存活在海岸周围。如果这种条件状况一直没有得到改善，那么可以假设生物也最多演化到鱼类这个层次。但是数百万年来，月球已经渐行渐远，伴随着它对潮汐的影响力开始消减。海床上海水所特有的运动形式蔓延到陆地那低浅的边缘上，填充到内陆海中，用自己的力量慢慢摧毁着潮汐，因为潮汐摩擦力随着地球旋转逐渐减弱。我们所谈论的地球的这些早期时光里，地球自转的时间要短得多——可能只需要4小时。自那以后，地球自转的周期时间逐渐放缓至目前大家都知道的24小时。根据数学计算，这一放缓趋势会一直延续，直到每天时长达到目前的50倍。

潮汐摩擦力会始终发挥出二次作用，不断将月球越推越远，比如现在已经推出了超过20万英里的距离。（根据力学定律，随着地球自转速度减慢，月球退出的速度逐渐加速，离心力将之带得渐行渐远。）随着月球渐行渐远，它对潮汐的牵引力也会减弱，潮汐幅度会慢慢降低。月球围绕地球公转需要的时间也会变长。最终有一天，每天的长度将会到一月的长度，月球将不再围绕地球公转，那时，也将再也没有月亮潮汐。

当然，这一切发生所需要的时间跨度是人类所无法想象的，而且很有可能，在这一切发生之前人类就早已从地球上灭绝了。这听起来可能就像威尔斯世界幻想一样遥远，以至于我们根本不会去想这件事。但是我们已经能在跟地球相处的短暂时间里发现这些宇宙过程的影响。现在我们所经历的一天的时长已经比巴比伦时期长了几秒钟。大不列颠皇家宇航局近期让美国哲学学会注意到，世界很快就需要从两种时间中做一个抉择。每日时间受潮汐影响而导致的延长已经让人类计算时间的系统复杂化了。传统时钟跟地球自转相结合很难展现出每天时长的延长。如今（1960年）刚刚研发出来的原子钟可以显示出与其他时钟所不同的真实时间。

尽管潮汐变得越来越柔和，潮汐幅度也开始以数十英尺计而非数百英尺，水手们还是不仅要担心潮汐来临的时间和幅度，还要去担心潮汐所间接关联的海面波动及剧烈运动。人类创造的任何东西都没有办法削弱潮汐或是控制涨潮退潮的韵律，即使最先进的仪器也不能在潮汐没有带来足够海水之前就让船只上岸。即使玛丽皇后号邮轮也要在纽约等到海水流入海角后再出发，不然潮汐的冲刷之力足以将邮轮击碎在海岸之上。芬迪湾内由于巨大的潮汐幅度，一些港口内停泊的船只活动只能跟潮汐韵律同步，所以船只只能在每次涨潮的几个小时内停靠在码头上进行卸货，而避免被困在退潮时的泥泞之中。

不论受狭窄海道的限制或是风与浪的对峙影响，潮汐洋流流动的剧烈经常不受控制，造就了世界上最为危险的航道。如果要想了解这些潮汐洋流对航海造成的麻烦，只需要阅读世界上不同海域的航路图志和航行指南。

《阿拉斯加航海图志》战后版曾报道，“船只在阿留申海域上航行毫无疑问是在最为危险的潮汐洋流海域航行”。船只从太平洋进入白令海峡，通过乌纳哥岛和阿库坦岛是最常走的航线，船只在这里受到强大潮汐洋流的推动，总是会受到一股强大的离岸力，有可能会在不经意间撞向岩石。通过阿坎海峡后，大潮的体量能达到山洪层次，充满了危险的漩涡和溢流。潮汐在每一段航道上都急剧上涨，一遇到相对风向的风或是涌浪，海面上就会波涛汹涌。《航海图志》曾警告道：“船只必须准备好随时会被海水淹没。”因为高达15英尺的潮汐会突然涨起，倒灌整艘船只，这样所夺走的不仅仅是一个人的生命。

而在世界的另一边，从大西洋向东航行的潮汐正在设得兰群岛和奥克尼群岛之间夹行而流向北海，退潮时则会流经相同的狭窄航道。特定潮汐时期内，海面上遍布着危险的漩涡，还有奇怪的海面向上突起，或是凶险的海面深陷。即使是在平静天气下，航船也收到警告不要接近彭特兰湾中的漩涡；汹涌海面上的漩涡伴随着退潮和西北风就足以使“几乎任何船只都不敢去经历第二次”。

埃德加·爱伦·坡在他的作品《莫斯肯漩涡沉浮记》中用文学记录下了潮汐的邪恶表现。任何读过这个故事的人都不会忘记这个场景：老人让同伴坐在高山峭壁之上，观察下面的波澜海面，看海水如何通过岛屿间的狭窄航道，激起危险的朵朵浪花泡沫在沸腾澎湃，突然之间，海流漩涡就在眼前瞬间形成，带着可怕的呼啸穿过狭窄航道。然后老人开始讲述他自己的故事，他曾经如何掉落于海水漩涡，又怎样九死一生。很多人都非常好奇这个故事有多少成分是真实的，而又有多少成分是出自爱伦·坡的丰富想象。爱伦·坡在故事中所描述的海面实际上是挪威西海岸罗弗敦群岛间的大漩涡。这个漩涡确实像爱伦·坡所描述的那样巨大，由一系列漩涡组成，而实际上通行的船只带着人都被拖拽到水下去。尽管爱伦·坡在一些细节上做了夸张，但他所叙述的主要情节在《挪威北海岸及西北海岸航海指南》中得到了证实：

> 尽管谣言已经极大地夸大了漩涡的重要程度，莫斯肯岛和罗弗敦海岬间奔流的漩涡确实是罗弗敦群岛海域里最危险的海流，海流的激烈程度在很大程度上是由于地面的不规则……随着潮汐强度不断增加，海面变得愈加波澜起伏，洋流也变得更加不规则，形成了极大的涡流或漩涡。这种时期内，没有什么船只胆敢驶进莫斯肯斯特罗门海峡。
>
> 这些漩涡在海中呈现倒钟形凹陷，口部又宽又圆而底部却愈来愈窄；漩涡在刚刚形成的时候体形最大，而后在随洋流运动的过程中逐渐变小到最终消失；在一个漩涡消失之前，又会出现两三个甚至多个漩涡，接连不断……渔民们曾断言，如果他们能提前知晓漩涡即将来临，并且有时间扔下桨或其他体积大的物件的话就能安全通行；这背后的原因是，一旦有物体落入就会打破海面连续性，海洋

漩涡凹陷就会被周围海水的上涌填补。飓风中也会有同样的情形，当风被打断，尽管周围还有涡流，却没有中心点了。这些疯狂的力量都曾卷起船只和渔民，让其在这样的力量中不幸丧生。

潮汐所塑造的不同寻常的事物中，人们最熟悉的就要数涌潮了。世界上著名涌潮至少超过6个。当大部分大潮作为一股单一海浪注入一条河流时就会发生涌浪，或者两到三股海浪涌入陡峭海崖时也会发生涌浪。涌浪产生的条件有如下几条：首先，必定存在相当大幅度的潮汐；其次，在入河口必定有类似沙坝这样的障碍物，这样海浪就被阻隔住而不得不返回；最后，等到海浪聚集了足够力量能越过障碍物时就形成了涌浪。亚马孙河以其涌浪向上流动的距离之远而著称——约达200英里——这是多达5次潮汐海浪聚集一次通过的结果。

注入中国海的钱塘江就拥有堪称世界上最大、最危险、最著名的大潮。大潮会控制所有船只的航行。古代中国曾经供奉河神，提供献祭以求平息神灵震怒。每个世纪里涌浪的规模和“怒气”似乎确实都不相同，随着河口的泥沙情况变化而改变,甚至每10年都有差别。涌浪在大多数情况下会从河口升高到8至11英尺，以12至13节速度运行。大潮前面完全呈现出小瀑布的景象，不断向下重击水面。涌潮体量来源是满月和新月牵引形成的朔望大潮，届时涨潮幅度据说可在水面以上25英尺。

北美洲海岸的潮汐尽管比不上钱塘江大潮的雄壮恢宏，但也是汹涌澎湃。蒙克顿的新布朗斯维克中的皮特科迪亚克河上就有著名潮汐，但仅仅在满月和新月之时才有令人震惊的大潮。阿拉斯加境内库克海湾上的坦纳根海湾也有高耸潮汐和强壮洋流，一些特定条件下的涨潮能汇聚形成涌浪。涌浪不断前行，高达五六英尺，人们公认这里的涌浪能危险到让小型航船或航行物完全搁浅为止。涌浪来临之前的半个小时里，到处都能听到涌浪浪花在海滩上缓缓前行的细碎声音。

潮汐运动对海洋生物和人类的影响在全世界都非常明显。数以万亿计的海洋动物，比如牡蛎、贻贝和藤壶，将一己生存与否完全维系在潮汐的来去之上，因为唯有来来回回的潮汐才能给无法移动的它们带来所需的食物。全世界生活在潮汐线之间的生物形态和结构经历了了不起的变化，适应了这里充满着干涸的危险和被冲走的危险的生活，时刻准备抵抗外敌，尽管这里的敌人既能从陆地而来，也能从水中冒头。在这里即使最细微精致的生命组织也能在一定程度上抵御吞石卷沙的风暴袭击。

生物中最令人好奇和震惊的精妙适应性行为，要数特定种类的海洋动物能适应月相变化和潮汐阶段的繁殖节奏。欧洲区域已经充分证实牡蛎的产卵活动会在大潮涨潮期达到顶峰，也就是大约在满月或新月后的两天。北美洲海域中有一种海胆只在满月夜浓时分会在海中释放生殖细胞。世界上还有许多热带海域中细小海洋蠕虫的繁殖行为跟潮汐日程的变化密切相关。人们仅仅通过观察这些小虫子就能知道这是哪一月份、哪一天，甚至也能搞清楚是一天里的哪个具体时间。

太平洋海域中的萨摩亚群岛附近，矶沙蚕会在浅海洋底，在岩石洞中、在珊瑚礁中度过一生。每年两次，即10月和11月中月相的最后一个1/4阶段里的小潮中，这些小虫子会放弃寻寻觅觅，而一窝蜂地上升到海面上聚集起来，占满海面。每个小虫子好像是为了保证能充分占满海面而一分为二，一半保留着生命维持系统，另一半则满满都是繁殖物质，开始在海面上释放生殖细胞。这一切都发生在每天的黄昏时分，月亮还没升起去展现最后一个1/4月相，然后在第二天继续；次日里，产卵活动到达顶峰之时，海面就会失去本来的颜色。

斐济海域里也有一种相似的海洋蠕虫，人们称其为“马芭罗”。这种小虫子的产卵阶段是在10月份会产下“马芭罗小虫”，在11月份产下“马芭罗大虫”。吉尔伯特群岛海域附近也有相似的生命形态会在六七月对特定月相做出反应；马来群岛附近也有种相似的海虫子会在三四月中满月后第二晚和第三晚产卵，也就是正当涨潮最高的时候。有一种日本矶沙蚕会在10、11月份中的新月和满月之后产卵。

综合考虑所有这些情况，人们会有一个一直未能解答的问题：潮汐是否通过某种不为人知的方式为这种繁殖行为提供了刺激物质？或是这种繁殖行为跟月亮的其他影响有更加神秘莫测的联系？人们更容易理解这一切也许是由于海水运动的韵律和压力在某种程度上导致了这种行为。但是那又为什么只有一年中特定的潮汐活动有影响；又为什么有些物种受到一月中涨潮最高的影响，而另一些物种却是受海水最微小运动的影响？目前，这一切无人能解。

没有其他生物能像银汉鱼这般展现出对潮汐韵律如此精妙的适应，这是一种小小的只有人类巴掌大小的银光闪闪的小鱼儿。尽管没有人知道适应演变过程究竟怎样进行，更没有人能知晓小小银汉鱼是如何通过百万年间的演变成了如今不仅知晓潮汐每天变化韵律，还能熟悉特定潮汐将在每月周期内席卷哪些海岸。银汉鱼的适应性是如此之高，以至于产卵活动跟潮汐周期精确到关乎种族生存的程度。

每年3月份到8月份的满月之后不久，加利福尼亚海岸边的海浪里就会出现银汉鱼。潮汐经历了涨潮、减弱、滞留和退潮的阶段。而当即将形成退潮涌浪的时候，鱼儿们就会开始涌入海水。它们的身体在月光下闪着银光，波光粼粼，它们会随着涨潮的波峰在湿漉漉的沙子停留很长的时间，足以让人们察觉，然后再纵身一跃跳进下一股涌浪之中重返海洋。潮汐来临之后这个过程会持续大约一个小时，成千上万的银汉鱼先后离开水面，跳到岸上而后又再次返回。这就是这个物种的产卵行为。

连续海浪的短暂间隔中，雌雄银汉鱼会一起登上湿漉漉的沙滩，雌鱼产卵后雄鱼随即进行受精。准鱼爸爸鱼妈妈返回海洋之后，大量受精卵已经完好地埋在了沙滩里。当天晚上的后续涨潮都不会冲刷出鱼卵，因为这时已经在退潮了。即使后续第二高的涨潮也不会触及鱼卵所在位置，因为满月之后这段时间里的涨潮在海滩上每一次前行停留的位置都低于之前一次。这样受精鱼卵就能在这里得到至少两个星期的安宁时光。它们会静静地在温暖潮湿适宜孵化的沙子里经历着自身的成熟发展，所以这短短的两个星期里，受精卵会逐步神奇地进化成小鱼幼体，但是完美形成的小银汉鱼宝宝还是包裹在卵细胞膜内，还是埋在沙滩之下，等待着被释放。而恰好这个时候，新月大潮就要到来了。海浪冲刷过埋藏小银汉鱼卵的海滩，浪花的旋转与急促深深搅乱了沙滩。随着沙子都被水冲去，鱼卵们第一次感受到了清凉海水的触摸，卵细胞膜随之破裂，小鱼孵化而出，又随着孵化它们出来的海浪汇入大海之中。

在我所了解的生命跟潮汐之间的联系中，我最喜欢的要数一种非常小的海蠕虫，身体非常扁平，外貌几乎没有任何特征，但是却有一个令人难忘的特质。这种海蠕虫是漩涡虫属，生活在布列塔尼北部海滩和群岛海域上。漩涡虫和绿藻构成了一种非凡卓越的合作关系，绿藻细胞寄生在涡虫体内，将自身的绿色素融入了对方的组织中。涡虫完全依靠这位植物客人所制造的淀粉物质为生，而且对这种营养方式完全依赖到自身消化器官退化的程度。为了保证绿藻细胞能正常进行光合作用（这一过程需要阳光的参与），漩涡虫一等到退潮就马上从潮汐间隙的潮湿沙滩上升起。远远看去，沙滩上布满着由成千上万涡虫构成的大大绿色斑点。没有潮汐的这几个小时里，涡虫沐浴在阳光中，让植物得以不断生产着淀粉和糖分；但是每当潮汐归来之时，涡虫就必须再次深深潜入沙滩深层以避免被海水冲走。所以涡虫的一生都是根据潮汐不同阶段而进行不同连续运动变化——退潮时上升沐浴阳光，涨潮时下沉避免被冲走。

这里有个让我最难忘的故事。海洋生物学家有时希望通过将涡虫的完整群体移植到实验室中以方便研究相关问题，随后也在没有潮汐的水族馆里建立漩涡虫群体。而在新家的漩涡虫们也会一天两次从水族馆底部的沙滩里爬出来寻找阳光，还会一天两次下沉到沙底。尽管小小涡虫没有大脑，没有人们所说的记忆，但是它会继续在这个奇怪的地方延续着自己的生活方式，小小绿色身体里的每一个细胞都记得远方大海的潮汐韵律。

|第三部分|

我们与海

第十二章 全球调温

南方以南，风暴骤起，冷却了北方以北。

——《约伯记》

人们首次提议建设巴拿马运河的时候，这个项目曾在欧洲引起了非常严肃尖锐的批评。尤其是法国人，抱怨这样一条运河将会让赤道洋流无法进入太平洋，这样一来欧洲大陆就再无法享受墨西哥湾流的温暖，欧洲冬季天气情况将会因此变得极其恶劣。警醒的法国人虽然在海洋动力预测上大错特错，但是他们的根本原则认知非常正确——气候特征与海洋循环运动之间有着密切联系。

任何刻意改变（或者蓄意改变）洋流模式的周期性方案，都会同时肆意改变气候特征。我们了解到，有一些项目准备分流从亚洲海岸远道而来的冰冷亲潮，还有些项目准备控制墨西哥湾流。美国议会约在1912年时，曾被要求批准拨款，准备从开普雷斯开始向东建设跨越大浅滩的码头，以便能阻挡从北冰洋南流而来的冰冷海水。这一计划的提倡者相信如此一来，墨西哥湾流摇曳前行的位置会更靠近北美大陆，从而可以给冬天带来温暖。然而，这一拨款申请没有得到批准。即使当时资金可以到位，工程师们也完全没有能力——未来也没有——成功地控制海洋洋流的运动。而且即使人们侥幸成功了，大多数计划也会产生跟前期预计所不同的后果。例如，假如墨西哥湾流的位置可以变得更靠近美国东海岸一些的话，那样我们的冬天实际上将会更难熬，而不是更温暖。北美洲大西洋沿岸上东风肆虐，席卷着一切冲向海洋。我们将几乎得不到墨西哥湾流上层空气团的照拂，但是湾流及其温暖海水，其实已经对我们的天气产生了一定影响。冬天冷风会在重力的驱使作用下，下沉到温暖海域上的低压区域内。1916年的冬天，湾流温度高于正常水平，而东海岸却度过了一个冰冷多雪严重到很多人深深刻进记忆里的冬天。如果湾流的位置进一步向岸移动，那结果就是冬天会更加寒冷，陆地内部寒风呼啸得更加猛烈——而不是风和日丽。

但是，如果北美洲东部的气候并不是由墨西哥湾流所决定的话，处于下游位置的陆地气候就会大不一样。从纽芬兰浅滩开始，墨西哥湾流的温暖海水就开始在肆虐西风的驱使之下向东流去。然而，东流的海水几乎立时立刻就会形成不同的分支。其中，一条分流向北流入格陵兰岛的西部海岸；费尔韦尔角周围也有温暖海水分支汇入去对抗东格陵兰洋流带来的大量冰块；还有分流流经冰岛的西南海岸，最终迷失于北冰洋中，但其在迷失之前也给冰岛的南部海岸带来了一些温和影响。但是墨西哥湾流（北大西洋漂流）的主要海流都是向东流去，并且很快就再次分流了。这些洋流分流最南端到达了西班牙和非洲，由此再次汇入赤道洋流。而分支洋流的最北端，在风力驱使下围绕着冰岛的“低地”不断向东急行，在欧洲海岸堆积积累的海水可以说是全球相同纬度海域中最温暖的海水。比斯开湾以北的海域中就能感受到这种影响。洋流不断沿着斯堪的纳维亚海岸向东北方向流动，并发散出许多侧向支流，辗转西向给极地岛屿带来了温暖海水的气息，并在各种错综复杂的漩涡浪花里跟其他洋流不断地融合汇合。斯匹次卑尔根岛西海岸就恰好在其中一条湾流支流的温暖之下，即使在极地夏天里也能绽放明艳靓丽的花朵；而东海岸却在极地洋流的笼罩之下，始终荒芜不毛。温暖海流流经北角后，开阔流入哈默菲斯特和摩尔曼斯克这样的港口城市。要知道对岸的波罗的海，即使在800英里以南的里加市，还都是一片冰封雪飘。大西洋海水最终消逝在北冰洋的冰天雪地中，北冰洋中新地群岛海域是大西海海水留下的最后点滴痕迹。

尽管墨西哥湾流温度每年都在变化，但一直是一股温暖海流。但看似微小的温度变化却对欧洲的气象温度产生了深远的影响。英国气象学家，C.E.P.布鲁克斯教授曾将北大西洋比作一个“超大浴缸，有一个热水龙头和两个冷水龙头”。其中的“热水龙头”就是墨西哥湾流；而那些“冷水龙头”则指东格陵兰洋流和拉布拉多洋流。热水来源的流量和温度总是变化不一，但冷水温度始终几乎保持稳定持续，而在流量上的变化相当巨大。这三个“水龙头”的变化调节决定了大西洋东部海域海面温度的变化，并极大地影响着欧洲天气变化和北冰洋海事情况。比如说，大西洋东部冬天里即使极其微小的温度升高也意味着欧洲西北部的冰雪覆盖会提早融化，那也就意味着大地会提前复苏，春耕也会提早开始，这样这一年里会有更好的收成。而这也意味着春天在冰岛附近几乎没有冰，也就是说巴伦支海上漂流的冰块数量将在一两年后消失殆尽。欧洲的科学家们已经充分明晰地论证了这之间的关系。也许有一天，想知道欧洲大陆的长期天气预报，就必须了解部分海域的温度才能得出结果。但是目前来说，人们没有途径能去收集足够大的海域面积温度，还没有办法能按一定间隔频率去收集得到温度数据。[①]

海洋，对于地球整体来说，是个极大的调温器，能极大地保证地球温度的稳定。海洋也因此一直被描述为“太阳能的储存站，在能量过剩的季节里不断储存能量，而后在急需能量的季节里默默奉献”。如果没有海洋，地球将承受人们难以想象的严酷极端天气。因为海水覆盖了地球表面3/4的面积，并且地球外所包裹的地幔的构成物质也并不具有与海洋比肩的属性。因此，海洋是绝佳的热量吸收器和辐射器。借助海水强大的热能容量，海洋可以从阳光中吸收大量热量，而并不会变成人们所认为的“炎热”，同样，海洋在失去大量热量后在人们看来也不会那么“寒冷”。

海水的“热与冷”可以借助洋流运行机制，传播分布到数千英里范围之外。如果人们要去追寻海洋中温暖海水的运动轨迹，甚至可能需经历7000英里的远途跋涉，经过一年半的时间，然后才会明晰地溯源回南半球的信风带。海洋的再分布功能也倾向于改善地球在太阳照射下的受热不均问题。也就是说，海洋洋流会将炎热的赤道洋流带向极地，又会从极地将冰凉的拉布拉多洋流、亲潮等洋流带回赤道，这其中深层海流甚至发挥着更重要的作用。海洋洋流和

---

① 20世纪50年代，人们在用于记录水温的仪器开发上取得了巨大进展。新仪器通过在容器后面牵引热敏电阻链，可以连续记录几百英尺深的水温。根据可用电缆的长度，电子浴温计能够获得任何深度的水温。这是对原始浴温计的巨大改进，因为这样一来，甲板上的记录仪就能在船舶行进时记录温度的连续图表。空气辐射温度计在海洋温度研究中更具革命性的发展，它在飞越海面时，可以以一定的精度记录海面温度。海洋学家认为该仪器仍处于发展阶段，可以进一步提高精度。然而，这些机载温度计在跟踪墨西哥湾流边缘的工作中，已经证明了它们非常有用。1960年，在伍兹霍尔海洋研究所进行的墨西哥湾流调查中，一架低空飞行的飞机覆盖了大约3万英里，获取了墨西哥湾流的各个海域的海面温度。

风力对整个地球的热量再分配所做的贡献可谓各占半壁江山。

在海水和海洋上层空气之间的细微交接处产生了一系列重要作用，影响到地球上绝大部分地区。

大气层可以对海洋起到升温或是降温的作用。大气层会接收海水蒸发产生的水蒸气，而大部分盐分都留在了海水中，从而提高了海水的盐度。随着包裹着整个地球的整体空气质量发生改变，大气层施加在海面上的压力也在不断变化，使得压力高的海域海水不断压缩，而压力低的海域海水不断得到补充。风力的驱动作用之下，空气紧紧带着海洋表层海水逐渐升高而形成海浪，并不断驱动着洋流前行。迎风海岸的海平面不断在降低，而背风岸的海平面不断上升。

但是海洋对大气的控制力度更高。海洋对大气温度和湿度的影响远远超出从大气到海洋所进行的小小热量转移。一定量海水温度升高一度所需的热量是相同体积空气升高相同温度所需热量的3000倍。一立方米水温度冷却1摄氏度所释放出的热量可以让3000立方米的空气温度升高相同幅度。我们也可以再举一个例子，一米深的海水温度下降1摄氏度释放的热量可以让33米厚的空气温度升高10摄氏度。空气温度与大气压之间有密切联系。当空气温度较低，气压就趋于升高；而温暖空气就会产生较低的气压。因此，海洋和空气之间的热量转换会改变气压的高低，这对风向和风力强度产生了极为深远的影响，也影响着海上风暴的行进路线。

海洋上空仅有6个高压中心带可以勉强算是永久高压带，南北半球各有3个。这些区域不仅仅对周围陆地气候有控制作用，也会对全球气候产生整体影响，因为这些区域是全球大部分主要风力的孕育摇篮。信风分别产生于南北半球的高压带。强大信风虽然吹拂在广阔无垠的海面之上，却能始终保留着自身的独立性；只有那些对信风产生打扰，造成信风混乱改变的陆地才会反过来受到信风的影响。

冬季其他海域上的低压带会大规模发展，笼罩在高于周围陆地温度的海域之上。这样的海域也不断吸引着其他低气压和气旋风暴的前来；这些海洋风暴要么是急剧席卷而来，要么就是从陆地边缘绕过。所以冬季里的海洋风暴会围绕冰岛低压展开，越过设得兰群岛和奥克尼群岛，长驱直入北极海和挪威海；还有其他的海洋风暴会在斯卡格拉克海峡和波罗的海上空的低压控制下，进入欧洲大陆内部。所有影响条件中，冰岛南部温暖海域上空的低压区域或许才会决定欧洲冬季的气候特征。

海洋是海洋或陆地上的大部分降雨的主要来源。海风中所携带的丰富水蒸气在温度变化时就会凝结成雨而降落。欧洲降雨的大部分来源是大西洋海水的蒸发。在美国，来自墨西哥湾和大西洋西部热带海域的水蒸气和温暖空气融合在一起，在密西西比河河谷中吹起阵阵习风，也给北美洲东部带来了阵阵降雨。

一个陆地地区是否能真正享受海洋的温和气候调节，还是只能直面严峻极端的大陆性气候，取决于洋流风力运行模式和此陆地地区产生的减弱作用，而不是陆地距海洋距离的远近。北美洲东海岸上因为西风的大肆肆虐，几乎接收不到海洋的任何馈赠优待。而对面的太平洋海岸则沐浴在驰骋数千英里海域西风带的必经之路中。太平洋的湿润呼吸带来了温和气候，在加拿大的不列颠哥伦比亚省，美国的华盛顿和俄勒冈地区都造就了浓密雨林；但是海洋没有办法施展全力，因为一条与海洋平行的狭长山脉带在很大程度上起了限制作用。而欧洲恰好相反，张开臂膀向着海洋完全开放，“大西洋气候”也就得以深入内陆，影响远达数百英里。

虽然接下来的话听起来自相矛盾，但是世界上真的有不少干旱沙漠地区，应该怪罪距离海洋过近的这个问题。智利北部的阿塔卡马沙漠和非洲南部干旱的喀拉哈里沙漠都跟海洋关系密切到令人好奇的地步。无论这些海洋荒漠出现在哪里，都会发现环境条件中有这样的组合：西部海岸都有海风肆虐和一股冰冷的沿岸洋流。南美洲西海岸旁有著名而寒冷的洪堡海流在不断向北流向智利和秘鲁海岸——这个从太平洋海域奔向赤道洋流的巨大回流。而洪堡海流以寒冷著称，还有个原因是因为不断有深海海水上涌在持续加强海水的冷却。离岸冰冷海水的出现会导致内陆出现区域性干旱。凉爽海域上的凉爽空气所形成的向岸风不断在炎热午后向着炎热内陆行进。这些风一到达陆地，就要沿着高耸的沿海山脉上升，而海拔升高所产生的冷却作用远远大于陆地所起到的温暖作用，所以这里几乎没有水蒸气的凝聚。虽然海岸边的乌云密集和浓雾滚滚似乎一直在传达着下雨的希冀，然而只要洪堡海流还是继续沿着既定的航线流动，这一希冀就永远无法达成。智利境内，从阿里卡到卡尔德拉一带全年降雨量不足1英寸是常事。只要这个系统还能保持平衡，系统就会平衡到堪称优雅的地步。如果哪天洪堡海流暂时缺席，对这片陆地那无异就是毁灭性灾难。

洪堡海流会不规律性间或地偏离南美洲大陆，这时从北方南下的温暖赤道洋流就会取而代之。每当这时，就是南美洲大灾年的时候，因为这里的整体经济早已适应正常的干旱天气。在出现厄尔尼诺现象（以暖流的名称而命名）的年份里，倾盆大雨倾泻而至，原来应该在赤道区域才出现的暴雨冲刷在秘鲁海岸上干燥多尘的山坡上，土壤被冲走了，小泥屋按照字面意义“溶解”倒塌了，庄稼都毁了。海洋里情况更加糟糕，洪堡海流所滋养的冷水浮游动物群在温暖海水中全部死去，而那些早已习惯于在冷水中捕食为生的鸟类要么选择迁移离去，要么就要挨饿至死。

非洲海岸上，山与海的夹缝之中也流淌着同样冰冷的本格拉海流中段。凉爽下行的微微东风，虽自海洋而来却相当干燥，接触到炎热土地后湿度持水量明显增加。虽然冰冷海域上形成了薄薄雾气，不断在海岸上翻滚，但是整整一年之中“降雨”都是贫乏的代名词。沃尔维斯湾的斯瓦科普蒙德一年中的平均降雨量仅为0.7英寸。但同样的是，只有当本格拉海流在岸边流淌时，这一规律才能成立。如果这里的冰冷海流像洪堡海流那样撒手而去的话，这样的年份就毫无意外是一场彻头彻尾的灾难。

海洋所产生的变化影响在南北极地区间的优雅差别巨大到令人诧异。众所周知，北冰洋是一片几乎被陆地封锁的海洋，而南极洲是一块被海洋围绕的大陆。地球这种一端海洋一端陆地的平衡性是不是会对地球物理性质有深层重要的影响尚未可知；但人们所了解的是，这对两个区域的气候产生了显而易见的影响。

冰雪覆盖下的南极大陆，受到极地反气旋的控制，沐浴在一片冰冷的海洋之中。陆上疾风四起，不断地驱赶着任何试图温暖这片土地的力量。这片苦寒之地的平均温度从未高于冰点之上。裸露岩石上长满地衣，给岩石峭壁原本的荒芜贫瘠上覆盖了一层灰橘色的生命色彩，坚韧耐寒的水藻在白雪中到处点缀着些许红锈色。苔藓藏身在山谷和裂缝之中，以便减少跟风的接触。而高地之上只有为数不多的适应贫瘠环境的植物能够设法入侵，成功“落户”。这里没有任何陆地哺乳动物；南极洲上的动物群仅包含鸟类、无翅蚊子、一些苍蝇和微型螨虫。

这一切，跟北极夏天里的五彩缤纷的花朵形成了鲜明对比。北冰洋地区，除了格陵兰岛冰盖和一些极地岛屿之外，夏天的温度足以允许植物们将整整一年的生长都注入在这短暂而又温暖的北极夏天之中。极地区域内植物生长的界限不是由纬度决定，而是由海洋决定。温暖大西洋通过格陵兰海围绕陆地形成的缺口不断流入北冰洋，产生深远的影响得以渐次渗透。温暖大西洋海流注入冰冷北海所带来的柔和温暖能量，让北冰洋不论是在气候条件还是地理条件上都成了一个跟南极洲迥异的世界。

日复一日，年复一年，海洋主导着全球的气候变化。那漫长历史岁月中，地球气候之所以能够长期变化，背后的始作俑者是不是就是海洋？让地球经历了炎热—冰冷的变换和干旱—洪涝的转换？这背后有一个绝妙理论，这一理论将海洋深处隐含的事件跟气候周期性变化和其对人类所产生的影响都联系在了一起。瑞典卓越的海洋学家奥图·贝德森提出了这一理论，这位近百岁老人在1941年溘然长逝。贝德森教授在很多论文著作中从不同角度提及了这一理论的不同方面，最终逐渐整合成一体。很多科学家对这一理论都非常震撼，也有一些对其持怀疑意见。当时，几乎没有人相信深海中存在海水的动力运动。如今这一理论再次被现代海洋学和气象学所检视。最近，C.E.P.布鲁克斯曾这样评论道：“贝德森理论和太阳运动都有很充足的支持依据，而这两者都对自公元前3000年以来的地球气候实际变化有很大程度的影响。”

审视贝德森理论相当于审视人类历史。受基本自然力控制的人类从没真正理解这种力量的本质，或是从未认识到这种力量的存在。贝德森的成果可能是他一生所经历的环境的自然结果。他从出生一直到他93年后的逝世一直都是在波罗的海海岸度过，这是一片拥有复杂而奇妙水文现象的海洋。他的实验室始终俯视着古尔马峡湾那深沉海域，仪器在兢兢业业地记录着波罗的海入海口深处所发生的奇怪现象。随着海水不断向着内陆海渗透，表层淡水不断翻滚涌入；而深海中，海水和淡水间形成尖锐间隔不连续分层，好似空气和水之间的分界层。贝德森的仪器每天都展示出深海层的强烈脉动——深海波浪在不断前行。这一运动过程在一天之内每12小时达到最强水平，在每12小时间隔后逐渐减弱。贝德森很快在这些深海波浪和潮汐之间建立了联系，并称其为“月亮波浪”。随着经年累月地测量海浪脉动运动的高度和时长规律，它与潮汐周期变化之间的关系也一清二楚了。

古尔马峡湾的深层海浪中有些可高达100英尺。贝德森相信海洋潮汐流经北大西洋中的水下山脊，帮助形成了这些超高海浪，就好像海水在日月的牵引力下运动，远远运动到下游海域，高盐海水汇聚成山，而又支离破碎水花四溅，汇入无数海湾海峡。

贝德森的关注点非常有逻辑地从深海潮汐海浪转移到了另一问题——瑞典鲱鱼业变幻莫测的运气。他的家乡，布胡斯自中世纪起便是汉萨同盟重要的鲱鱼渔场。这一重要渔场经历了13、14和15世纪的洗礼后，继续在波罗的海狭窄海道上的松德和波尔茨等地操持着旧业。法尔斯特布和斯卡讷这样的小镇曾见证了这里渔业所不为人知的繁荣时期，那些带来财富的银光闪闪的鱼儿们曾经取之不竭，但突然一夜之间，渔业繁荣就戛然而止了，因为鲱鱼离开了北海再也不进入波罗的海——这让荷兰得以享受富裕，而瑞典只剩下了贫瘠。鲱鱼为什么不再前行？贝德森认为这背后的原因可以追溯到他实验室中不停运动的记录笔。这支笔所记录的便是古尔马峡湾深海中的水下海浪的运动规律。

贝德森发现，这些水下海浪随着正常潮汐的高度幅度变化而变化，并根据天文计算，得出结论潮汐海浪强度最高的时候是在中世纪——也恰恰是波罗的海渔业的繁荣时期。日、月、地球会在冬至日时运行到特定位置，升时对海洋产生的牵引力也达到最大。每18个世纪天体才会运行到这一特定位置。中世纪阶段就恰好在这一特定位置，所以当时，巨大的水下海波裹挟着巨大压力通过狭窄航道进入了波罗的海，而鲱鱼群也跟着"水山"蜂拥而至。后来，潮汐幅度逐渐减弱，鲱鱼就留在北海、波罗的海之外。

贝德森很快又意识到另一个重要事实——自然地质史中，充满"巨型潮汐"的那几个世纪里"不同寻常到令人惊讶"的事件可谓是家常便饭。极地冰遮挡住了北大西洋的大部分海域。北海和波罗的海海岸被狂暴的风暴洪水重置成一片废墟，冬季气候条件恶劣严苛到难以言表，而由于这样酷寒的气候，地球上所有人口稠密的地区几乎都发生了政治经济动荡。难道这些事件跟深海里人们看不见的海浪运行有关？难道深海潮汐不仅影响渔业，也会影响人类生活？

贝德森聪慧的大脑从这一想法入手，进而发展出了气候变迁理论，并在1912年发表的《历史和史前时期的气候变化》[①]一文中进行了阐释。他通过整合科学性、历史性和文学性证据，说明了气候长期转变如何随海洋潮汐周期的变化而变化。世界上最近发生的最大潮汐和气候最严苛的时期都发生在约1433年。这一年所造成的影响实际上在这前后的多个世纪里都可以感受到。550年展现出来了最小的潮汐效果，下次发生可能在2400年。

距离人们最近的温和气候期内，欧洲沿岸和冰岛格陵兰岛海域

---

① 《瑞典氢生物学报》，1912年第5期。

都几乎不知晓冰雪为何物。维京人得以在北海上自由航行，僧众修道士们得以在爱尔兰和冰岛“神地”之间来回穿梭，并且大不列颠和斯堪的纳维亚国家之间也有便捷交往。根据萨迦长篇传奇故事的叙述，红头发的埃里克当年航行到格陵兰岛时，他“穿越海洋中间的冰川来到陆地，从这里他一路沿着海岸向南，寻找适宜居住的土地。第一年，他在埃里克岛上度过了冬天……”这一切大约发生在984年。萨迦传奇故事中从没有提及，红头发的埃里克在探索岛屿几年之后困扰于浮冰之中的情况，甚至格陵兰岛附近或是格陵兰岛和瓦恩岛之间从未被提及有浮冰出现。最近几个世纪里，如果想根据萨迦所描述的埃里克的航线——从冰岛直接向西前行而又沿着格陵兰岛东海岸行进——这是根本不可能完成的任务。萨迦故事在13世纪第一次提出警告，建议在格陵兰岛周围航行时不要直接向西驶向冰岛，因为要考虑到海上的冰块，但是当时还没有推荐新航线。然而到14世纪末的时候，曾经的航行路线就被废弃了，新航线更偏向西南以便躲避冰块。

早期萨迦故事中提到格陵兰岛上有丰富优质的水果，当地还放牧着相当数量的牲畜。挪威地区中人类曾经生活的地区如今成了冰川脚下。爱斯基摩传说中提到的不少古老的房屋教堂如今都被淹没在冰雪之下。丹麦哥本哈根国家博物馆派出的考古探险队虽然从未能找到这些古老传说中小乡村的遗迹，但是挖掘工作也说明人们当时曾经的居住气候条件必然比现在的条件要温和得多。

这种温和到有点儿乏味的气候是从13世纪开始恶化的。爱斯基摩人曾经因为北部渔场全被冰封而饿肚子，便只好开始给别人制造突袭，他们开始攻击在阿亚拉利克海湾居住的西部人类。约1342年，东部部落进行了官方行动，以至于几乎没有一个部落幸存——

只剩下几头牛。东部居住点也在1418年后不久被全部荡平，房屋教堂都被付之一炬。冰岛和欧洲的航船越来越难以抵达格陵兰岛，岛上居民只能依靠岛上的自有资源为生，这也是格陵兰岛居民之所以会遭受如此的战争暴动的部分原因。

欧洲也在13、14世纪经历了一系列不寻常的事件和灾难，可谓对格陵兰岛所经受的气候激变而感同身受。荷兰的海岸线全被风暴洪水所摧毁。根据古老的冰岛传说，14世纪早期的冬天里，狼群会踏着冰从挪威一路到丹麦。整个波罗的海冻结后，瑞典和丹麦的岛屿之间形成了一座坚实的冰桥。行人马车在冰冻的海面上如履平地，甚至还在冰上建设了旅舍来提供住宿服务。冰冷的波罗的海似乎也改变了冰岛南部低压带所催生的风暴航向。这也导致了当时的欧洲南部都出现了不同寻常的风暴、庄稼歉收、饥荒和贫困等现象。冰岛文学中也充满着各种14世纪火山爆发等自然灾害的故事。

根据潮汐理论，曾经发生的这些严寒和风暴中，到底哪些应当是在公元前三四世纪发生的呢？早期文学故事和民间传说中隐含着影影绰绰的暗示。冰岛《埃达》诗集中，所有黑暗血腥的篇章都是在描述一场大祸临头的自然灾害，即芬布尔之冬，又或称为诸神的黄昏，风雪冰霜统治着世界长达数个世纪。当公元前330年，皮西亚斯航行到冰岛以北的海域时，曾提到，他所见的是一片噩梦般萧索凝固而死气沉沉的海洋。早期历史中，北欧族群在充满风暴、洪水等恶劣气候灾难的驱使下，只能进行无休无止的迁移——也就是“野蛮人”夺取罗马后不断向南迁移——都留下了令人震惊的暗示证据。海洋的大规模泛滥摧毁了北欧日德兰半岛上日耳曼人和辛布里人的家园，令其不得不举家南迁至高卢。德鲁伊教团员间有传说，认为其祖先是从遥远的莱茵河彼岸在敌人的驱逐下踏上“征服海洋的伟大行程”。约在公元前700年，曾在北海海岸上发现的琥珀贸易路线突然转移到了东海岸。原来的路线沿着易北河、威悉河和多瑙河，穿过布伦纳山口到达意大利。而新的路线沿着维斯瓦河行进，这说明波罗的海是当时的水源来源。风暴洪水或许摧毁了早期的琥珀产区，也就是说18个世纪以后，洪水再次入侵了相同的位置。

在贝德森看来，所有这些气候变化的古老记录都在说明着大西洋上海洋循环的周期变化。他曾这样写道：“任何能影响气候的地质变化都不是过去六七个世纪所发生的。”在他看来，所有这些洪水、泛滥、冰封等现象的本质，都说明海洋循环出现了错位混乱。贝德森通过古尔马峡湾海的实验室对已有的气候变化的分析，发现潮汐导致的海面下海浪搅乱极地深海而导致了这种错位混乱。这些海域中的海面潮汐运动尽管相当微弱，却在深海形成了相当强劲的推动力，尤其是在淡水冷水跟盐水暖水的相对分界线上。每当强劲潮汐推力出现的年份里，温暖的大西洋海水都会从深海中以惊人数量涌入北冰洋，在冰下暗流涌动。数千平方英里坚固如铁的冰块竟开始渐渐融化破碎。数不清的浮冰碎冰进入了拉布拉多洋流，向南汇入了大西洋。这改变了海面洋流循环模式，非常密切地影响了风力、降雨、空气温度。浮冰很快就碰撞在墨西哥湾以南的“新大陆”上，使得湾流航线更向东偏移。通常会使格陵兰岛、冰岛、斯匹次卑尔根岛和北欧区域和煦温暖的温暖洋流发生偏转，冰岛南部低压带的位置也会发生偏转，从而进一步对欧洲气候产生了直接影响。

尽管极地区域真正的灾难性变化要每18个世纪发生一次，据贝德森认为，不同间隔期——比如每隔9年、18年或是36年——内也有节律性事件发生，这是由于其他潮汐周期的影响，并且也会在短期内产生相对缓和的气候变化。

比如1903年，人们始终记忆犹新的是，北极冰盖的集中破裂，对斯堪的纳维亚渔场产生了深远影响。鳕鱼、鲱鱼和其他鱼类都再也不能沿着海岸从芬马克和罗弗敦群岛洄游到斯卡格拉克海峡和卡特加特海峡。那一年，一直到5月份，巴伦支海大部分海域都在冰块的覆盖之下，冰层边界比以往任何时候都要接近穆尔曼和芬马克海岸。成群的北极海豹来到这里，一些种类的北极白鲑甚至将迁徙延伸到了克里斯蒂安娜峡湾，进入了波罗的海。地球、月球和太阳正好处于一年中产生第二大潮汐牵引力的相对位置上，这时就出现了冰块的爆破现象。1912年发生了类似的现象，又是一个多冰拉布拉多海流的年份——恰恰在这一年出现了泰坦尼克号的灾难。

如今我们每个人的一生中都在见证气候的惊人变迁，而有趣的是，奥托·贝德森的想法可以给出一个合理的解释。现在看来，自1900年后，极地气候所发生的变化确实毫无疑问，到1930年就显著到令人诧异的程度，并逐渐渗透到亚北极区和温带区域。世界那寒冷的极点也开始明显变得越来越温暖了。

北冰洋气候温和变化趋势表现中最明显的特征，莫过于北大西洋和北冰洋海域航行难度的显著降低。例如1932年，科尼波维奇号航船在北极航行史上第一次绕着法兰士约瑟夫地群岛完成了航行。而3年后，俄罗斯萨德柯号破冰船从新地岛北端一路航行至北地群岛以北，也就是北纬82°41’的位置——也是目前（译者注：作者成书年代）航船以自己能力所能到达的最北端。

1940年的夏日里，整个欧亚大陆北岸全部惊人地脱离了冰雪的笼罩，有超过百艘航船通过北极航线得以通行。1942年，一艘航船在“几乎完全黑暗”的冬季圣诞周内在西格陵兰岛港口城市乌佩尼维克（北纬72° 43'）实现了物资卸货。20世纪40年代，斯匹次卑尔根岛西部港口始发的运煤船跟20世纪初期的3个月相比，时间延长到了7个月。冰岛海域附近积冰存在的季节跟一个世纪前相比，短了整整2个月。北冰洋中俄罗斯海域内的浮冰从1924年至1944年，20年间减少了将近百万平方公里的面积，拉普捷夫海（北冰洋边缘海）中两座由化石古冰所构成的岛屿完全消融，如今人们只能通过水下浅滩来确定它们的原有位置。

无人世界中的活动，比如诸多鱼类、鸟类、陆地哺乳动物和鲸类的迁徙及习性改变，也体现出北极地区在逐渐变暖。

许多鸟类在人类记忆中第一次出现在了极北的陆地中。这份长长的南方参观者名单——1920年之前从未在格陵兰岛发现的鸟类——包括美洲斑脸海番鸭、大黄脚鹬、美洲反嘴鹊、黑眉信天翁、北崖燕子、画眉鸟、普通十字嘴鸟、巴尔第摩金黄鹂鸟和加拿大夜莺等。格陵兰岛上一些高寒地区的物种，也就是活跃在寒冷气候中的物种，通过自身物种数量的减少来体现出对温度逐渐温暖的厌恶，其中包括北方角云雀、灰斑鸻和斑胸滨鹬等。冰岛也是自1935年起出现了从美洲、欧洲远道而来的数量众多的北方甚至是亚热带鸟类客人。冰岛的鸟类观察者时不时会对林莺、云雀、西伯利亚红喉莺、朱雀、琵琶和画眉等鸟类的神奇存在又惊又喜。

当1912年，格陵兰岛的安马赫夏利克市第一次发现了鳕鱼的时候，因纽特人和丹麦人对其还是又新鲜又新奇。在当时人的记忆里，岛屿的东海岸从未发现过这种鱼类。人们开始捕捞后不久，到30年代里，这个区域内就成了大型渔场，本地人开始以其为主食，并收集了鳕鱼油作为燃料用于照明和供暖。

在世纪之交的时候，鳕鱼在格陵兰岛西海岸是相当罕见的，尽管在西南海岸处有些地方已经发展为年产500吨左右的小渔场。大约1919年，鳕鱼开始沿着格陵兰岛西海岸北行，数量也愈来愈丰富。渔场中心也因此北移达300英里，每年的捕捞量达1.5万吨左右。

格陵兰海域上其他从未现身或鲜有现身的鱼类也开始增多。黑鳕，或又称为绿鳕，是一种欧洲鱼类。整个格陵兰海域对这种鱼类都相当陌生。曾经，人们在1831年偶然捕获到这种鱼类后，就立即用盐保存送至哥本哈根动物博物馆进行研究。但自1924年后，这种鱼类开始在鳕鱼场内经常出现。黑线鳕、单鳍鳕和石南鳕鱼等直到30年代才出现在格陵兰海域的鱼类，如今也成了这里渔场的规律性供应。冰岛也有很多奇怪的客人——喜爱温暖的南部鱼类，诸如姥鲨、奇形怪状的太阳鱼、六鳃鲨、剑鱼和马鲛等。在摩尔曼海岸上的巴伦支海域和白海中也出现了这其中的一些相同物种。

随着北方海域不再那么寒冷，鱼儿们都在向着极地方向游动，因此冰岛附近的渔场得到了极大的扩张，并且在熊岛、斯匹次卑尔根岛和巴伦支海域附近也出现了有利可图的拖网渔船。这些海域如今每年大约贡献10亿磅的鳕鱼，这是世界上单一鱼种捕捞量最大的渔场。但这一切的存在是如此脆弱，如果海水循环方向转变，海水就会开始冷却，冰盖就会再次向南覆盖，若要人力来保留极地渔场，所有人将无能为力。

目前来看，世界极地变暖的证据随处都是。北极冰川的衰退率已经快到一些小型冰川几乎完全消失了。如果继续按照目前的融化速度发展的话，其他冰川也难保周全。

挪威的奥泊达尔山雪麓消融后，人们发现了400年至500年人们所使用的一种木质弓箭。这说明这片区域的冰天雪地肯定是在过去1400年到1500年间才出现的。

冰川学家汉斯·阿尔曼称大部分挪威冰川都“完全依靠自身的物质形成，而每年没有新鲜的降雪供给”；在过去的数十年间里，阿尔卑斯山脉冰川在不断缩小和衰退，并曾在1947年夏天铸成大灾难；北大西洋沿岸的所有冰川都在不断缩小。其中减退最急剧的莫过于阿拉斯加区域，其中的缪尔冰川在过去12年间缩减了约10.5千米。

目前，巨大的南极冰川也成了谜，没有人知道这些冰川是否也会消融，或是按何种速率消失。但是世界各地都有报告说明并不只是北极冰川在减少消融。自从19世纪人们开始研究东非高原火山冰川以来，它就一直在逐步消失——自1920年后消融开始加剧——还有安第斯山脉和亚洲中部高山的冰川也在逐渐消融。

北极区和亚北极区气候的逐渐温和似乎已经造成了生长季延长和庄稼收成更好等影响；冰岛地区燕麦的种植由此得到全面改善；挪威出现了适宜播种的年份成了惯例，再也不是特例；甚至斯堪的纳维亚北部森林都在不断超越之前的森林线，松树和云杉的年度生长周期都比之前要快。

这些气候急剧变化的地区所在国家都是由北大西洋洋流直接控制气候的地区。格陵兰岛、冰岛、斯匹次卑尔根岛和所有北欧地区，都会跟随大西洋洋流航向、强度、温度的改变而改变气候的冷热旱涝。海洋学家们在20世纪40年代研究这一课题时已经发现海水分布及温度的重大改变。墨西哥湾流所流经斯匹次卑尔根岛的支流的流量有明显增长，为其带入了大量温暖海水。北大西洋表面海水温度有明显升高，冰岛和斯匹次卑尔根岛附近海域的深层海水温度也有升高。北海和挪威海岸附近的海水温度自20世纪20年代以来一直在逐渐升高。

毫无疑问，北极和亚北极地区的气候变化还有其他原因所做出的贡献。我们几乎可以完全确定，目前正处于上一个更新世冰河期后的升温阶段——也就是说世界气候将会在接下来的数千年间继续明显升温，然后再开始进入下一个冰河期。但是目前我们所经历的可能是短周期气候变化，也就是仅仅持续数世纪甚至数十年的周期变化。一些科学家认为太阳活动必然存在小范围增加，从而改变了空气流动并导致了南方气流会更频繁地吹向斯堪的纳维亚岛和斯匹次卑尔根岛；按照这个观点，洋流运动的改变对风向变化也产生了次生影响。

但是，如果按照布鲁克斯教授的想法，佩特森潮汐理论与太阳辐射改变一样有坚实基础，那么要如何计算20世纪里潮汐的宇宙变换模式调节将会十分有趣。中世纪结束时，巨大潮汐也伴随着冰雪交加、狂风肆虐、洪水泛滥，这一切距现在仅有5个世纪。而潮汐运动最温和的时代，也是气候最温和的时代却恰好在中世纪早期，还要再往前数4个世纪。我们现在也开始进入了一段温和适宜的气候阶段。但是气候起伏变化仍在继续，因为宇宙中日月地球运动不停，潮汐力此消彼长。虽然从长远趋势来看，地球正在变得更温暖，但是轮回不休。

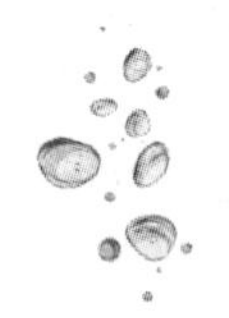

第十三章
海水之宝

海水摇身一变，新奇而富裕。

——莎士比亚

海洋是地球上最大的矿物质宝库。每立方英里的海水中平均蕴含的溶解盐多达1亿660万吨。地球上所有海水蕴含的溶解盐总量高达5×10^{15}吨。这一惊人数量级的物质是在数千万年岁月中逐渐积累的，尽管地球本身的构成物质经常流离转徙，但是最重的物质总是在不断地向着海洋运动。

人们早已猜测到海洋最初只有微微的咸度，盐分随着万古岁月的积累而逐渐增加。海洋中盐分的最初来源是陆地那多岩嶙峋的地幔。在地球上第一次降雨来临的时候——包裹着年轻地球的厚厚乌云给地球带来一场连着下了几个世纪的大雨——岩石开启了侵蚀的进程，雨水进而携带着这些矿物质进入大海。每年流入海洋的水量据说高达6500立方英里，这些江河水又为海洋贡献了数十亿吨的盐分。

有趣的是，江河水跟海水的化学成分构成几乎没有任何相同点。各自含有的不同元素呈现出完全不同的组成比例。例如，江河水中所携带的钙质是氯化物的4倍，而海洋中这个比例却大相径庭，氯化物高达钙质的46倍。造就这些差异的一个重要原因是海水中的巨量钙质持续不断地被海洋动物所吸收，用于构建贝壳和骨骼——形成了寄居着有孔虫门生物的微型贝壳，形成了拥有巨大结构的珊瑚礁，还形成了生蚝、蛤蜊和其他软体动物的贝壳。而另外一个原因是海水钙质的沉淀。海水和江河水中的硅含量之间也有巨大差异，其中江河水中硅含量是海水硅含量的500%。硅藻需要利用硅质去构造自身的贝壳，所以江河水带来的巨量硅质大部分都被这种海洋中无所不在的植物所征用了，这也是为什么硅藻经常会在河流入海口出人意料地疯长。由于海洋中所有的植物系群和动物系群需要获取巨量化学物质，每年江河水所带给海洋的盐质中只有很小一部分促进了海水中溶解矿物质的增长。淡水一溶解进海水，就立即引发一系列反应，加上新汇淡水数量上与海水之间的巨大差异，都进一步减弱了两者之间化学成分的不均衡构成。

海洋中的矿物质还有其他来源方式，那是隐蔽在地球深处的物质源头。地面上每一座火山的喷发都伴随着氯气和其他气体逃逸进大气，并再次借助降雨重回陆地海面，火山灰和岩石也会产生其他矿物质。而所有水下火山，通过人们看不见的火山口直接向海洋倾泻着硼、氯、硫、碘等矿物质。

所有这些只是矿物质单方向流入海洋的过程，而海洋盐分返回陆地的过程仅在非常有限的程度上进行。人们试着通过化学萃取海水开采来直接获取矿物质，或是通过获取海洋动植物来间接获取矿物质。但其实还有另一种方法，海洋自己通过漫长而往复的循环，将从陆地上拿走的东西再还回去。当海水漫过陆地，就开始渐渐沉积泥沙，而后又撤离陆地，这一过程就发生了。陆地上又覆盖了一层沉积岩，其中包含着来自海洋的盐分和水分。但是这些矿物质只是海洋暂时“借贷”给陆地，会马上通过古老而又熟悉的渠道——降雨、侵蚀、河流冲刷——而进行“偿还”，再次返回海洋。

海洋和陆地之间还有其他令人好奇的交换方式。水蒸气通过蒸发过程汇集到了空气中，而绝大部分盐分都被撇下了，但是也有数量惊人的盐分硬挤进了大气层，随风进行长久地传播。这种所谓的“循环盐”是由风从波涛汹涌的海浪或海雾里撷带而来，并不断吹向内陆，经过降雨返回江河，再次汇入海洋。这些在大气层中漂浮的细小而不可见的海盐分子事实上是降雨凝集形成雨滴所需的大气核。一般来说，这种盐分大部分会被海洋附近的区域所接收。统计数据显示，英国每年每英亩所接受的盐分达24至36磅，而英属几内亚则高达100磅。但是印度北部的桑珀尔盐湖可以说是循环盐长距离长周期运输中最为著名的例子，那里每年接受3000吨盐分，这些盐分通过炎热干燥的季风传输到距海洋400英里远的地方。

海洋中的动植物是远比人类高明的“化学家”，跟这些低级生命形式相比，目前人类对海洋矿物财富所进行的萃取尝试，简直微不足道。这些生命已经能够从海水中寻找并利用哪怕含量极其微小的那些物质，要知道人类化学家直到最近才能利用新兴光谱研究去探测到这些物质的存在。

比如说，人类曾经并不知晓海水中蕴含钒元素，直到从海参、海鞘等这种定着而又笨拙的海洋生物的血液中分析出来钒。贻贝和龙虾中萃取出了相对大量的钴元素物质，各种不同软体动物充分利用了镍元素，但是我们只有在最近这几年里才能摸清这些元素的踪迹。铜元素可能只占有海水中的万分之一，但它可以帮助龙虾维系血液中的呼吸色素，就像是人类血液中的铁元素一样。

与这些无脊椎“化学家”的成就相比，人类目前大量提取海洋盐分用于商业目的的行为仅算得上取得了有限的成功，尽管目前已经成功提取了相当多种类且数量惊人。人们已经通过化学分析获取了其中50种元素，并有可能发现其他所有元素，如果人类有一天能够掌握合适方法的话。海水中5种主要盐分已经确定出固定比例。海水中氯化钠含量最高，正如人们所预料的一样，占全部盐分的77.8%；随后是氯化镁，占10.9%；然后是硫酸镁，占4.7%；接着是硫酸钙，占3.6%；最后是硫酸钾，占2.5%；所有剩余盐分占剩下的0.5%。

海水中的所有元素里，没有哪一个元素像金元素一样搅乱了人类的心绪。金子就在那里——在每一滴流淌在地球表面的海水里。海水中金的总含量足以让地球上的每一个人都成为百万富翁。但是要怎样才能从海洋中获取金子？目前从海水中大量提取金最坚决的尝试，同时也是对海水中金元素开展的最完整研究，是德国化学家弗里茨·哈伯在第一次世界大战后进行的研究。哈伯相信只要能够从海水中提取出足够的金子，就能帮助德国偿还战争欠款。他的想法也促成了流星号在德国南大西洋的航行之路。流星号装载着实验室和过滤装置，并于1924年至1928年间多次在大西洋上穿梭航行对海水取样。但是提纯数量远远低于期望值，并且提纯成本甚至比金子本身的价值更高，具体计算如下：每立方英里海水中含有价值930万美元的金子和价值850万美元的银子，但是如要在一年之内处理这些数量的海水需要一天两次填满放空200个500英尺见方、5英尺深的水缸。也许在珊瑚、海绵以及牡蛎看来，这不是什么壮举，但是按照人类标准来说，这在经济上是不可行的。

海洋中所有物质中最变幻莫测的莫过于碘元素了。碘是海水中最稀有的非金属元素，难以探测，难以提纯分析。几乎每一种海洋动植物体内都能发现碘元素。海绵、珊瑚和海草体内都积累了大量碘元素。海洋中的碘元素明显处于持续的化学变化中，有时是氧化物，有时是碱化物，而后又再次合成形成了有机结合物。空气和海水之间也有持续交换，某些形式的碘元素可能以雾的形式进入空气，因为海平面附近空气中的碘含量足以通过仪器探测到，并随着海拔升高而逐渐降低。生命也就是从海洋里第一次将碘融合进生物组织的化学成分中，并逐步愈来愈依赖这种元素；如今人类如果不是能通过甲状腺来代谢碘作为人体基础新陈代谢的调整者的话，根本无法存活。

所有商业碘产品都是从海草中提取的。智利北部的高原沙漠中发现了原始自然的粗硝酸盐，这些原材料（生硝）的最初来源是蕴含丰富海洋植被的史前海洋，虽然这两者听起来自相矛盾。卤水矿床和含油岩石的地下水系中也可以提取碘，这些都是从海洋间接获得碘。

海洋是地球溴元素的垄断者，海洋集中了地球上99%的溴元素。即使是岩石中所蕴含的小部分溴元素，也是由海洋最初沉积产生的。人类最初从史前海洋遗留下的地下水塘的卤水中提取溴，如今海岸线上随处可见大型工厂——尤其是在美国——在利用海水为原材料直接加工提取溴元素。如今人类能在汽车上使用经过严格检验的汽油，便是得益于溴的现代商业产品应用。溴元素的其他用途还有很多，包括生产镇静剂、灭火器、照相药品、染色剂，以及化学武器等。

人们最为熟知的溴衍生物之一便是骨螺紫，也就是腓尼基人在染坊中从紫色蜗牛——骨螺——中提取的染料。这种蜗牛惊人而有趣地与死海中目前已经探明的惊人数量的溴储量有关联。死海中蕴含的溴物质据估计约8.5亿吨，也就是说，死海海水中的溴含量是普通海水的100倍。而死海海水还明显在通过流向加利利海的地下热泉不断得到更新，而加利利海又通过约旦河再次返回死海。一些专家认为地下热泉中的溴元素来源是数十亿年前早已被地层掩盖的古老海洋蜗牛的沉积。

人们也从广袤海水中获取镁元素，来制成化学品物质，虽然镁元素最开始是作为副产品出现的，是卤水提纯的副产品，也是处理山脉的含镁岩石，如白云石等产生的副产品。每立方英里海水中蕴含400万吨镁。自1941年镁的直接提纯技术成熟后，产量开始急剧增大。恰恰是来自海洋的镁，才使得战时航空工业得到空前发展，因为美国生产的（以及其他大多数国家生产的）每一架飞机都需要将近半吨的镁金属。镁在其他需要轻金属的工业中还有数不清的用途，除了长期用作隔热材料外，还可以用于印刷油墨、医药和牙膏生产等方面，以及用于诸如炸弹、照明弹、曳光弹等战争工具的生产。

几个世纪以来，人们一直在天气允许的时候利用海水蒸发来获取盐分。烈日灼灼之下，古代希腊、罗马、埃及在热带地区收获了人类和动物不管在哪里都必须赖以生存的盐。即使如今，在炎热干燥风行顺畅的地区，人们还在通过太阳蒸发来获取盐分——比如在波斯湾沿岸、中国、印度、日本、菲律宾，以及加利福尼亚海岸和犹他州的盐碱地。

地球上利用太阳、风、海的相互作用而产生盐的天然盆地随处都是，人类工业远远不及这里的产盐规模。印度西海岸的卡吉盐沼地就是这样一个天然盆地。卡吉盐沼地是宽60英里、长185英里的平原地区，在卡吉岛的分隔下与海洋分离。每当西南季风吹来，海水便会通过海峡灌满平原。但是到了夏天，当炎热的东北季风从沙漠吹来，而没有新的海水汇入时，平原上水塘中的卤水就会逐渐蒸发留下盐结皮，有些地方甚至厚达数英尺。

每当海水像这样入侵陆地，留下沉积，然后又悄然撤退，都会留下丰富的化学储藏，人类能相对容易地从中提取物质。这些化学储藏可以是深深埋藏在地球表面的“盐水化石”，也就是古代海洋的卤水；也可以是“沙漠化石”，古老海洋的盐分在极度炎热和干燥条件下蒸发殆尽；或是层次分明的沉淀岩，其中含有丰富的有机沉淀以及溶解盐。

二叠纪时期，炎热而干燥的沙漠曾一度分布广泛，欧洲内形成大面积内陆海，覆盖了如今英国、法国、德国和波兰等国家的位置。内陆海上当时几乎没有降雨，造成海水蒸发情况非常严重，盐度异常增高，并开始沉积不同层的盐分。但那数千年间，所沉积的仅有石膏，这也许说明淡水曾经时不时会进入内陆海，跟其中的高浓度卤水混合。伴随着石膏一起出现的是越来越厚的盐床。后来，随着内陆海面积收缩，海水逐渐浓缩，开始出现了硫酸钾、硫酸镁的沉积（这一阶段大约持续了500年）；再后来，也就是可能又过了500年，开始出现了氯化钾、氯化镁以及光卤石的沉积。在内陆海完全蒸发消失之后，出现了沙漠的地质条件，盐质沉积很快就埋没在尘沙之下。施塔斯富特和阿尔萨斯的著名沉积矿储量可谓世上最为丰富的矿床，而这些古老海洋原始位置的郊区边缘只有零星盐床。施塔斯富特矿床厚达2500英尺，13世纪人们就发现了这里的卤水源泉，自17世纪起就开始了矿盐开采。

美国北部在更早的地质时代——志留纪——中沉积了一座更大的含盐盆地，从纽约州中部一直延伸到密歇根，其中囊括了宾夕法尼亚州和俄亥俄州，以及安大略湖南部部分区域。这片区域内曾经的内陆海在当时炎热干旱的气候条件下盐度变得奇高，以至于盐质石膏混合的矿床沉积覆盖了多达10万平方英里的面积。伊萨卡岛和纽约等地有7个明显的盐矿床，其中位置最高的大约位于地下半英里处。密歇根南部一些独立盐矿床厚达500多英尺，其中密歇根盆地中部的盐矿更是厚达约2000英尺。这其中，有些矿的盐矿石已被开采利用；有些矿则挖了深井，灌入海水，以便能继续将这些卤水引到地面进行蒸发以获取更多的盐矿。

世界上由内陆海蒸发而得、矿物储存最高的矿位于美国西部，即加利福尼亚州莫哈韦沙漠中的瑟尔斯湖。山脉崛起切断了曾覆盖这片区域的海湾与海洋的联系，随着海水逐渐蒸发，海湾内剩下的海水盐度在周围陆地矿物质的冲刷流入下变得更高。瑟尔斯湖也许在最近几千年里开始了从陆地封锁的内陆海到“凝固”湖——充满固体矿物质的湖——的缓慢转变过程；如今湖面盐壳厚到车辆可以在上面安全通行。盐结晶层厚达50至70英尺。盐层之下全是泥泞。工程学家们最近发现了盐和卤水的第二层结晶，在泥泞之中可能至少跟上一层一样厚重。人们最早在19世纪70年代便为了硼砂开始对瑟尔斯湖进行开采，当时有20头骡子的队伍不停地穿越沙漠山丘为铁路运送硼砂。后来到了20世纪30年代，人们开始逐渐从湖中发现了其他物质——溴、锂、钾和钠盐。如今仅瑟尔斯湖的氯化钾产量就占美国氯化钾产量的40%，并是世界上硼砂和锂盐的主要产地。

几个世纪以后的未来，伴随着不断蒸发，死海也许就是下一个瑟尔斯湖。众所周知，死海曾经是填满整个约旦峡谷，长达190英里的内陆海，而如今的长度和流量都缩减为原来的1/4。死海伴随着在炎热干燥气候里的缩减蒸发，海水盐度也在高度浓缩，这使得死海成了矿物质的丰富储藏。没有任何动物生命能在死海的卤水之中得以存活，那些随着约旦河水来到这里的不幸鱼儿死掉后成了海鸟的天然食物。死海位于地中海海面下1300英尺，是世界上所有海平面下的水体中最低的，因为死海位于地壳下倾所形成的约旦裂谷的最低位置。死海中的海水温度高于空气，这一条件非常有利于蒸发，海面上空经常飘着蒸汽所形成的朦胧云朵，而海水中盐分不断积累，卤水也更加苦涩。

古老海洋遗留给人类的财富中最宝贵的就要数石油了。没有人能充分确定地描述出到底是怎样的地质变化过程才能在地球深处创造出这些珍贵的液体财富。但人们普遍认可的是：石油是自从海洋中出现丰富多彩生命形式后就开始运作的一种地球基础过程的演变结果——这一过程至少从古生代就开始了，也有可能更早。地球上的意外和灾难的时不时发生可能会加速这一进程，但不起决定作用；石油的定期生成作用机制包括地球海洋的基本过程——生物的生老病死、沉积物的沉积、海洋在陆地上的此消彼长，以及地壳的上下起伏运动。

大部分地质学家已经否认了古老的石油火山形成论，而认为石油一般是原始海洋良好沉积层下的动植物尸体经过缓慢分解所形成的。

黑海和某些挪威峡湾可以集中体现石油形成所需的有利条件。黑海中的多彩生物集中在上层海域，生物丰富到惊人的地步；而深海尤其是洋底极度缺乏氧气，甚至还充斥着硫化氢。分解者没有办法在这些充满着“毒性”的海水中存活，更无法去分解上层海水中漂浮的海洋动物尸体，只有等待沉积物来埋葬它们。挪威峡湾的许多深海海域中之所以会氧气匮乏而恶臭满满，皆由于浅海岩床阻挡了峡湾的入海口，使其与公海洋流循环分隔开。这些峡湾的洋底充斥着有机物质分解所产生的硫化氢。有时当风暴来临时，就会有数量众多的新鲜海水汇入这里，并掀起巨浪深深搅动这潭“毒水”。原来海洋分层的破坏对于原来海面附近的鱼群和无脊椎动物群来说，无异于死神的呼唤。这样一场灾难反过来给洋底积累了更为丰富的有机物质沉淀。

大型油田不论在何处被发现，总是跟海洋有关，不论是曾经的沧海桑田还是如今的海浪澎湃，不论是如今的内陆油田还是临海油田。例如，已经大规模开采的俄克拉何马油田就是古生代侵占北美洲的远古海洋的沉积岩形成的。

石油的探明遵循着地质学家的指导，主要探寻“大陆板块边缘的不稳定板块带与深海之间夹缝，历史上曾经长期有浅海覆盖”的地区。

欧洲和中东之间的红海、黑海、里海、地中海和部分波斯湾海域便是大陆板块间地壳凹陷段的典型例子。墨西哥湾和加勒比海也是南北美洲大陆间盆地和浅海。亚洲和澳洲大陆之间也是一片低浅而岛屿纵横的浅海。最后，地球上还有几乎完全被陆地封锁的海洋——北冰洋。所有这些区域在过去的地质历史岁月里都曾经历沧海桑田，一度是陆地，又一度归于海洋。所以，这些区域在被淹没的海洋时期里，沉积了大量沉淀泥，海水中的丰富动物群此消彼长，最终零落成泥。

所有这些区域中都有巨量的石油沉积。近东地区的大型油田就位于沙特阿拉伯、伊朗、伊拉克等国家。亚洲和澳大利亚之间的浅浅洼地也催生出了位于爪哇岛、苏门答腊岛、加里曼丹岛、新几内亚等地的油田。美洲地中海（加勒比海）是西半球石油开采的中心——美国已探明能源中有一半来自墨西哥湾北岸，而哥伦比亚、委内瑞拉、墨西哥则在海湾西南岸享有丰富油田资源。

目前石油工业尚未探明北冰洋海域，但是目前在阿拉斯加北部、加拿大大陆以北岛屿、西伯利亚北冰洋沿岸上所发现的油苗，都在暗示这片刚刚成为海洋的陆地可能是未来的石油主要来源地之一。

近年来，地质学家们对石油的预测也有了新的方向——洋底。陆地上石油的全部储量不可能被全部探明，但是目前最易开采且储量最为丰富的油田都已经开始开发了，人们已经知道这其中可能包含的巨大产量。远古海洋留给人类的石油资源如今正一点点地从地球上消失。人类要如何才能深入深海去获取藏在海洋洋底沉积岩中的海洋石油资源呢?

目前大陆架上的离岸油井已经在生产石油了。加利福尼亚州、得克萨斯州、路易斯安那州沿岸都已经有公司在沉积大陆架上钻井取油。美国范围内最活跃的开采探明活动集中在墨西哥湾中心，从地质历史来看，这片地区的储量应当相当可观。过去的万古岁月中，这片区域不是干旱陆地就是浅浅的海洋盆地，不断接收着从北部高地冲刷而来的沉积物。最终，在白垩纪中期，墨西哥湾流洋底开始在沉积物的重压下下沉，然后盆地中心才达到了目前的深度。

人类目前通过地质勘测已经发现，不同的沉积岩层说明了海湾广阔的大陆架下的沿海平原曾陡峭地向下倾斜。侏罗纪时代的沉积层之下是巨大的厚重盐矿床，说明当时这片海域曾火热干旱，海洋在不断收缩，而沙漠逐渐逼近。路易斯安那州、得克萨斯州、墨西哥湾本身都显示出与沉积相关的重要特征，比如盐丘。盐丘是手指形状的盐栓，通常不超过1英里高，从地球深层向表面推进升起。地质学家们曾描述其为“被地球压力抬高5000至1.5万英尺的沉积物，就像是木板上钉钉子一样”。与墨西哥湾接壤的这几州里，这种地质特征意味着石油。人们可以认为在大陆架上，盐丘就是大量石油储量的标志。

因此，地质学家们在勘探墨西哥湾石油时，专门探测了可能有大量石油储量的盐丘地区。科学家们使用了磁强计作为专业探测工具，可以测量盐丘产生的不同磁强度，也通过重力计测量重力变化来帮助确定盐丘的位置，因为盐的精确重力要比周围沉积物低。盐丘的具体位置形状还需要借助地震仪来勘测记录炸药爆炸所产生的声波反射，从而预测岩石底层的倾斜程度而确定。这些勘测方法已经在陆地上使用多年，但仅从1945年起才开始用于墨西哥湾离岸海域。增强后的磁强计即使拖在船后或是挂在飞机上，也能连续出图。重力计如今可以急速降低至洋底，而人们能通过远程控制来了解读数。（曾经需要操作员带着潜水钟拿着仪器一起潜入水中。）地震队也再不需要一边放炸药，一边躲在一旁不断记录了。

尽管勘测技术大幅提高，开采洋底石油仍然不是什么简单的事情。要进行探矿，首先要租用已经确定可能产生石油的海域，然后再钻井验证是不是真的存在石油。离岸钻井平台必须要在墨西哥湾洋底中深达250英尺，才能屹立在汹涌海浪中，特别是在飓风多行的时节里。金属在海水中要经受风、暴雨、海雾、海水的腐蚀啃咬——所有这些风险都必然会经历，都必须要克服。然而，石油工程专家并没有因为离岸开采的种种技术困难就打了退堂鼓。

我们对矿物财富的追寻又将我们带回远古海洋——回到石油

源头时代曾经在海洋里生活的那些鱼儿、海藻，以及其他如今藏在远古岩石中的动植物形式身上；回到藏在地下水塘的富质卤水中，那里如今还保留着远古海洋的海水化石；回到远古海洋所沉积形成的不同矿物质的盐矿层，如今这早已成了陆地地壳难以分割的一部分。也许随着我们未来了解更多珊瑚、海绵、绿藻等生物的化学秘密后，对远古海洋留下的储藏财富依赖度会降低，我们将会直接向海洋索取更多。

第十四章
海的围合

鸟儿一年也飞不出来的海啊，巨大到让人心生畏惧。

——《荷马史诗》

对于古希腊而言，海洋是源源不断的溪流，永远流淌在世界的边界，如同永动轮一般在地球的尽头、天堂的开端永不停歇。这片海洋无边无际，无垠广阔。如果有人胆敢去冒险——要是有人竟敢有这样的念头——他会历经黑暗积聚、雾霭朦胧，最后到达海洋和天空那可怕而混乱的融合之地，这里深海漩涡流转不停，会将每一个过路的旅行者都吞噬到永无归路的黑暗世界中。

基督教时代之前的漫漫10个世纪中，大部分文献里都用不同形式体现了这些观点，甚至后来一直延续到中世纪的大部分岁月中，仍一再出现。对于希腊人来说，“海”是熟悉的地中海；而那沐浴在陆地世界外围以外的，才是“洋”。他们认为，也许在海洋所能延展到的最极端的某个地方便是离去灵魂和神灵的最终家园，也就是极乐世界。因此，人们会产生诸如“永不可及的大陆”或“远方美丽海岛”这样的想法，困惑于世界边缘那深不可测的海湾——但是世界上适宜居住的陆地周围始终是广阔海洋，将万物围合在内。

神秘北方世界所口口相传的故事中也许有一些，经过琥珀和锡的早期贸易路线的层层远播，带上了早期传奇故事的色彩，故事里的陆地世界边界成了布满雾霭、暴风雨和黑暗沉浸的地方。《荷马史诗》中的《奥德赛》讲述了一个关于居住在那迷雾蔓延黑暗笼罩的遥远海洋彼岸的西米里族人的故事，其中有故事讲到，牧羊人要在陆地上度过漫长一天的生活，那里白天和黑夜之间的通路已经闭合。早期的诗人和历史学家也许从腓尼基人那里得到了一些对海洋的想法。腓尼基人的金、银、宝石、香料和木材工艺品，通过与各国国王、皇帝的交易而遍布欧洲、亚洲和非洲海岸。这些水手商人很有可能是第一批越过海洋的人，但历史没有提供事实记录。公元前2000多年前，也可能更久，腓尼基人的繁荣贸易沿着红海沿岸遍布到叙利亚、索马里兰、阿拉伯，甚至印度，也许还有中国。希罗多德曾写道，腓尼基人曾在公元前600年左右从东到西环游非洲，通过直布罗陀海峡和地中海到达埃及。但是，腓尼基人对自己的航行几乎没有留下任何言语或书面记录，他们这样做是为了保护贸易路线和珍贵货物来源的秘密。因此，腓尼基人曾可能在太平洋公海海域航行这一历史事件的证据只剩下晦涩的谣言，以及部分考古发现来做支持。

除了谣言和高度合理的假设之外，没有其他证据能证明腓尼基人曾沿着西欧航行，抵达斯堪的纳维亚半岛北部和波罗的海这些宝贵琥珀的发源地。腓尼基人没有明确的航行痕迹遗留，当然更没有留下任何书面记录。然而，人们发现了关于腓尼基人欧洲航行的二手资料。来自迦太基的希利科率领的探险队，曾在公元前500年左右沿着欧洲海岸向北航行。尽管手稿没有被保存，但是希利科显然留下了这次航行的记录。罗马的阿维尼斯曾在近千年后引用了希利科的记录。根据阿维尼斯的说法，希利科所描绘的欧洲海域画面令人沮丧至极：

> 整整4个月里，这些海域几乎无法航行……没有微风驱使船向前行驶，这茫茫大海上一片死寂，一丝缓风都没有……海浪中有很多海藻……浅海区域内的地表上仅有些许海水勉强覆盖……海中的怪物不停地四处奔跑，野兽随着缓慢行进的船只游动。

他口中所讲的“野兽”也许是比斯开湾的鲸鱼，那里后来成为著名的捕鲸场；让希利科印象深刻的浅水区域可能是法国海岸在潮起潮落交替间暴露的平原地区——这对于几乎没有潮汐的地中海地区来说是一种非常奇怪的现象。但是，如果阿维尼斯的说法可以信以为真的话，那其实希利科也对西方的奥秘远海发表过看法：“这些支柱以西遥远的地方便是无尽的大海……没有人能航行到那里去，因为没有风能提供推力……同样因为黑暗如同幕布一样遮蔽了白日亮光，因为海洋总是隐藏在雾气笼罩之下。”如今很难说明这些细致描述到底是不是因为腓尼基人过于机警，只是执着于古老的想法，但是从此之后人类记录中一次又一次地出现这些相同的看法，隔着多个世纪跟现代世界的想法遥相呼应。

最久远的历史记录显示，公元前330年来自马西里亚的皮西亚斯第一次进行了远海航行。但不幸的是，皮西亚斯的所有著作，其中包括《论海洋》一篇都已散佚，保留到今天的部分仅仅是后人只言片语的引用。我们几乎对这位天文学家和地理学家向北探索所经历的环境一无所知，但皮西亚斯也许想去看看人类居住区或者说陆地世界能一直延伸到哪里，想去看看北极圈的位置，想去看看午夜太阳之地（出现极昼现象的地区）到底是什么样子。也许正是那些沿着波罗的海陆路贸易商线贩卖锡和琥珀的商人告诉他有这些地方的存在。

皮西亚斯是运用天文测量手段去确定地点地理位置的第一人，也在其他方面展现了作为天文学家的学识，在这次探险之旅中展现了超越寻常的技能。皮西亚斯曾航行至大不列颠、曾到达设得兰群岛，然后又出发前往北方公海，最终抵达“极北之地”，也就是午夜太阳之地。后人曾引用他对这个国家的描写：“这里的夜晚非常短暂，有些地方只有两三个小时的夜晚，太阳落山后不久又再次上升。”居住在这里的“野蛮人”曾告诉皮西亚斯“这里是太阳休息的地方”。然而如今的专家们就“极北之地”的确切位置展开了争论，一些人认为是指冰岛，而有些人认为皮西亚斯跨越北海来到了挪威。后人也曾引用过皮西亚斯所提及描写过的“极北之地”以北的“冰封海洋”，从这一点上看冰岛更符合实际描写。

但是黑暗时代很快笼罩了文明世界，皮西亚斯之后的“饱学之士”对皮西亚斯历经艰险所带回的远方知识再也没有兴趣进行研究。地理学家波西杜尼斯曾认为海洋是“无尽的延伸”。他曾从罗德岛出发，一路来到卡迪斯，他观察海洋、观测潮汐，顺便看看太阳落山的时候是不是一个火热火红的球体嘶嘶地进入西部的一片汪洋之中。

皮西亚斯之后，足足过了1200年才有了另一位敢去进行远海航行的勇士——来自挪威的奥塔。奥塔曾将自己多次北海航行的经历介绍给阿尔弗雷德大帝，并留下了平铺直叙、直截了当的关于地理航行的叙述，不掺杂任何神话的传说。由此，奥塔便是有文字记载的曾绕过北角、进入巴伦支海而后又进入白海的第一人。奥塔发现，这些海域沿岸的居住者是他之前从未听闻过的。据记载，他登陆“仅仅是为了在这些国家中寻找拥有珍贵长牙的海象”。这一航行探险发生在870年至890年间。

海盗时代也是在这段时间来临的。人们如今一般认为维京人从8世纪末就开始进行重要的远航了。而且早在这之前，维京人就已经到了北欧其他国家。“早从3世纪到5世纪末期间”，弗里德约夫·南森写道，“流浪的艾如丽曾从斯堪的纳维亚出发，有时在海盗的陪伴下，漂荡在西欧海域上，有时还回去洗劫一下高卢和西班牙，并在公元455年深入地中海，远达意大利的卢卡”。早在6世纪，维京人就已经横渡北海到达法国国境，也有可能到过英国南部。到了7世纪初，维京人在设得兰地区已经粗具规模，并曾在这个时间抢劫了赫布里底群岛和爱尔兰西北部。维京人后来又航行到了法罗群岛和冰岛；在10世纪的最后一个25年里，维京人在格陵兰岛建立了两个殖民地，并在此后不久控制了由大西洋进入北美洲的通道。南森曾这样描述历史中的这些航海历程：

> 挪威人的造船技艺和航海技术标志着世界航海及发现史上一个新纪元，完全改变了人类对北部陆地的认识……我们从古老文献及传说中知道了对这些航海发现的记载，其中有很大篇幅都在描写冰岛。这些航海故事背后流淌着一股暗沉的情绪——水手们面对着冰雪交加、冷热交迫所进行的艰难对抗和默默挣扎。
>
> 那时的水手们没有罗盘，没有天文仪器，或是任何现

代用来确定航行位置的方法，他们只能靠着日月星辰的指引航行，不知道漂荡到何年何月，甚至在看不见日月星辰的日子里，也要在雾霭浓密的狂风骇浪里找到航线；但是挪威维京人坐着敞篷船就可以扬着四方风帆，远行到辽阔海洋的以西以北，从新地岛、斯匹次卑尔根群岛出发，远行至格陵兰岛、巴芬湾、纽芬兰和北美……直到整整500年后，其他国家的船只才有这种航行能力以到达这些地区。①

这些事迹不断传到了地中海的“文明世界”里。虽然古代斯堪的纳维亚人的传奇故事清楚而真实地给出了越洋航行的指南，如何从已知到未知，但当时中世纪的学者们仍然持有这种“世界外沿围合着黑暗死亡之海”的观点。约在1154年，著名的阿拉伯地理学家爱德利奚曾为西西里的诺曼国王罗格二世详解了世界地情，并绘制了70幅地图，详细描绘了已知世界外沿的黑暗之海，构成了世界的边界。他曾写道从不列颠群岛“再也不可能进一步进入海洋了”。他在文中暗示有远方岛屿的存在，但是认为航行的路径艰难异常，因为“海上永远掩埋在黑暗和迷雾之中”。11世纪学者不来梅的亚当虽然知晓大洋中存在格陵兰岛和瓦恩兰岛等远方岛屿，但还是不能跳出对海洋的传统认识，认为海洋在“无穷无尽地包围着整个地球”并“围着地球环形流动，永不停息”。甚至古斯堪的纳维亚人自己在越过大西洋发现了新的陆地后，也仅仅认为世界的边界向外拓展了，但是无尽的外沿海洋仍在那里。诸如《米罗王》《挪威王》等北方年代史在这一点上有淋漓尽致的体现。后来哥伦布和他

---

① A.H.克拉克：《北方迷雾》，1912年，第一卷，第234页、247页。

的队伍所探索的西方海洋，在当时的人看来就是属于这死亡之海的传说范畴中，当时人们还认为那里是一片死寂，到处是怪物和等待着猎物的陷阱，迷雾昏沉始终伴着那里的危险。

哥伦布时代之前的多个世纪里——没人清楚到底是多久——世界对岸的人们曾把海洋可能诱发的种种恐惧都抛诸脑后，无畏地跳进小船，驶进太平洋。波利尼西亚殖民者当年经历了多少艰辛困苦，恐惧困扰，我们如今一无所知。我们仅仅知道，他们不知怎么成功从大陆本土来到这些孤零零遗留在海洋中的岛屿上。也许是因为中太平洋的海水要比北大西洋的海水平和得多——确实也是这样，因为他们将身家性命托付给小小独木舟后，伴着日月星辰，就成功地从大洋此岸来到了彼岸。

我们无从知晓波利尼西亚人进行的第一次航海是在什么时候。但是，后期航海给我们留下了些许证据。前往夏威夷群岛重要的一次殖民航行应该发生在13世纪。约在14世纪中叶，来自大溪地的一只舰队永久将新西兰占作殖民地。但是当时的欧洲对这些情况一无所知。当波利尼西亚人早已纯熟地掌握了在未知海域上航行的技巧很久很久之后，欧洲水手们还以为赫拉克勒斯之柱就是通往黑暗死亡之海的入口。

当哥伦布发现了前往西印度群岛和美洲大陆的通路时，当巴尔沃亚第一眼看到了太平洋时，当麦哲伦环游了整个地球时，人们就开始产生了两种想法：一些人想到了北极，从那里也许会有去亚洲的通道；另外的人想到了南极，那里可能会有更大的大陆。

麦哲伦，在耗费37个日日夜夜通过如今以他的名字所命名的海峡时，曾经眺望那南方的大陆。每到夜间，那片陆地的岸边会亮起火焰的亮光，麦哲伦称其为火地岛——“火焰之地”。他认为这些岛屿是当时地理学家根据理论命名的南极大陆。

麦哲伦时代里，许多航海者都以为自己发现了人们所寻找的大陆，但后来都被证明只是岛屿。其中一些岛屿的位置，比如说布韦岛，在地图上确定标出之前，曾反复失而复得多次才确定下来。凯尔盖朗坚定地认为他于1772年发现的荒芜禁地就是南极大陆，并且如是报告给了法国政府。后来他才从后继航海者那里了解到，这只不过是个岛屿，他非常不开心地将这个岛屿命名成了“伤心岛”。后来的地理学家才以发现者本人的名字给岛屿正名。

库克船长航海之行的目的之一便是寻找南极大陆，他虽然没有找到大陆，却发现了一片新的海洋。库克船长沿着南半球高纬度进行了将近完整的环球航行后，意外发现在非洲、澳洲、南美洲以南围绕着一片波涛汹涌的大海。然而南极探险这一篇章仍然还有大量空白，虽然他以为这片海洋中的南桑威奇群岛也许就是南极大陆的一部分，但是他绝对不是第一个发现南极大陆这些岛屿的人。美国水手们很有可能早在他之前就发现了这些岛屿，他们并不希望竞争者们也发现丰富的海豹资源在哪里，所以这些航海细节一直作为秘密保留着。显然，他们在19世纪以前曾长期航行在南极岛外沿，因为在这些地区早在1820年就发现了大量海豹毛皮。恰恰也是在这同一年里，N.B.帕尔默船长驾驶着英雄号第一次看见了南极大陆。即使一个世纪以后，探险家对南极大陆仍不断有着新的发现，老一代地理学家曾梦想过、寻找过，成了谜团的那片土地，终于揭开了神秘的面纱。

同时，在地球的另一端，一队又一队的探险者在通往富饶亚洲的北方通道的吸引下不断去探索着北地的冰冻之海。卡伯特（译者注：北美大陆发现者）、弗罗比舍、戴维斯等探险家都寻找过通往西北的通道，但都铩羽而归。哈德森在船队暴动后被遗弃在一艘小船上。富兰克林爵士曾于1845年分别派出黑暗神号及恐惧号船队，进入北冰洋迷宫般的岛屿群中开始探险。虽然后人发现了航行路线，但是当时的富兰克林爵士损失了所有船只，并永久失去了他的船员。后来，救援船分别从东、西方而来，却在梅尔维尔海峡相遇，这才发现了西北通道。

当时也有人在进行着不懈努力，想通过北冰洋向东找到通往印度的航线。挪威人曾在白海海域猎捕海象，并在奥塔时代曾抵达新地群岛；1194年挪威人可能已经发现了斯匹次卑尔根岛，尽管人们一般会把发现这个岛屿的功劳划给1596年的巴伦支。俄罗斯人早在6世纪就开始在极地海域内猎捕海豹，1607年捕鲸船就开始驶出斯匹次卑尔根岛，从而很快发现了斯匹次卑尔根岛与格陵兰岛之间数量众多的海豹。当英国和丹麦的商队急于寻找欧亚大陆以北的通道时，恰好发现了冰冻北海的入口。人们此外还进行了很多尝试，但是几乎没几个人能越过新地岛；16、17世纪多发的船只失事事故也曾让人们的希望破裂，尤其是像威廉·巴伦支这样卓越的航海家都葬身于北冰洋冬季航行的艰难险阻之中，最终人们放弃尝试。直到1879年，当这一航线并没有什么实际需要的时候，诺登斯基尔德男爵乘坐瑞典织女星号成功从古登堡航行至白令海峡。

就是这样，航海家们在数世纪中前仆后继的不懈努力下，一点点揭开了所有黑暗之海上的未知幽暗迷雾。第一代航海家们没有最基本的航海工具，从未见过一幅航海图，诸如远距离无线电导航系统、雷达、声呐等现代奇迹他们更是连想都不敢想，那么他们到底如何能实现这传奇般的航行？第一个使用航海罗盘的人是谁？谁开启了使用航海图鉴定航向的新时代？没有人能给出这些问题的确切答案，人们只能确定的是我们还需要去了解更多。

我们甚至都无法猜出神秘海洋能手——腓尼基人的独门秘籍是什么。根据腓尼基人如今的后代，人们推测，也许这秘密就隐含在古代殖民者在太平洋岛屿间的航行路线中。腓尼基人必定曾在星辰的引路下航行，因为当年的太平洋平静静谧，丝毫没有一点儿类似北海的汹涌迷雾，因为当年夜幕里曾经群星闪耀。腓尼基人认为星辰就是天空中跨越移动的光带，只需要向着会经过他们目的地的星辰而驶去就可以了。他们知晓海洋的一切语言：海水颜色的变换、海浪拍打在岩石上形成的弥漫在地平线上的薄雾、热带海洋每一座岛屿上空的云朵聚集、有时这些云朵甚至还会倒映出环形珊瑚岛中环礁湖的颜色。

研究原始航海的学者相信鸟类迁徙对腓尼基人的航海也有过帮助。腓尼基人通过观察每年春秋鸟群如何聚集，如何出发越过海洋消失得无影无踪，而后又如何凭空出现而学习到了航海技艺。哈瑞德·盖蒂相信夏威夷人可能就是通过跟随太平洋金斑鸻的行踪，从大溪地来到夏威夷群岛，而后鸟儿们又返回了北美大陆。他也认为金鹃鸟的迁徙路线曾引领着殖民主义者从所罗门到达了新西兰。

传奇故事跟早期书面记录都告诉人们，原始航海家们经常会带着鸟儿一起航行，会先让鸟儿去找找路。热带军舰鸟就是腓尼基人用来寻找陆地的鸟儿（即使在现在，军舰鸟有时还会用来在岛屿间传递消息）。挪威传奇故事里也曾记载弗洛基·维尔戈达森用“渡鸦”寻找通往冰岛路线的故事，“因为当年北方航海人没有天然磁石……因此弗洛基带着3只渡鸦就启程了……他放出的第一只渡鸦飞回了船尾，第二只渡鸦飞向天空后又回到了船上，只有第三只渡鸦在船头前面一直飞着，他们也沿着这个方向行进最终找到了陆地”。

萨迦传奇故事中有大量篇幅描述道，因为海上浓雾不散的天气，北欧人常常在海上漂荡数天后而不知身在何处。他们常常不得不靠着观察鸟群飞行方向来判断陆地的方向。《定居记》一书中有记载，航海家们从挪威到格陵兰这一路上，常常会先向南行到冰岛，带上足够数量的海鸟和鲸鱼。在浅海区域，北欧人也会使用一些声音探测技巧，《挪威史》中记载，因戈尔夫和乔雷弗就是通过“用铅探测海浪”而发现的冰岛。

航海人在12世纪第一次使用磁针作为航向指导，但即使在长达一个世纪之后，还有学者表示怀疑，认为“水手们如何能将自己的身家性命托付在这个明显是魔鬼制造出来的东西上”。后来就有证据表明到12世纪末，地中海区域也开始使用罗盘，这之后的一个世纪里，罗盘也在北欧盛行起来。

许多世纪之前，关于人类已知海域便出现了针对性的航海指导，相当于现代航海指南。《航海图》和《航海志》为古代的航海家们提供了关于地中海和黑海的航海指导。《航海图》是寻找港口的航海图，需要结合航海指南或《航海志》一起解读。后人也不知道这两本书到底是哪本先成书的。如今保留下来的最古老、最完整的航海指南是《西氏航海指南》，虽然与之相附的航海图已经佚失了，但这两者曾一起构成公元前4、5世纪地中海区域的航海指导。

《航海志》，又称作《远海环球航行》，约成书于5世纪，可是读起来却让人惊讶地觉得这就是一本现代航海指南，它甚至给出了两点之间的距离、不同岛屿上可能会遇到的风力和抛锚停泊或获取淡水所需要的设备等信息。例如，书里曾记载“从赫尔密到琉斯艾克特，小岛位于20单位距离以外，其间有货船的停泊抛锚位置，但有西风盛行；海岸边在海角之下是供各种船只停泊的宽阔场所。屹立海上的阿波罗神庙是航海中要注意的障碍物”。

劳埃德·布朗曾在其《地图故事》一书中论述公元前1世纪没有真实的航海图保留至今，甚至不确定当时航海图是否真实存在。他将这一点归因于早期航海水手们坚守航海路线秘密；航海图这一“通往帝国的钥匙”“带来财富的通道”是绝对秘密、隐秘的资料。因此，虽然目前所发现的最早航海图样本是彼得勒斯·菲斯康德于1311年绘制而成的航海图，但这并不意味着这之前没有航海图。

世界上第一位以书本形式将航海图汇编成册的人是荷兰人卢卡斯·扬斯茨·瓦格内纳。瓦格内纳所汇编的《航海之镜》首次出版于1584年，包含西欧海岸从须德海到加迪斯的航海图。此书出版后不久就被翻译成了多种语言，并在后续版本中添加了设得兰岛、法罗群岛，甚至远达新地岛等俄罗斯北岸的岛屿海域，多年来指导着荷兰、英国、斯堪的纳维亚和德国的航海家们探索着东大西洋海域。

到了16、17世纪，在对东印度财富的激烈争夺背景下，不仅政府机构需要绘制精良的航海图，私人企业对此也有很高的需求。东印度公司雇用了自己的海道测量师，准备了秘密地图册，并将航行路线作为贸易中的顶级机密。但在1795年，东印度公司的海道测量师，亚历山大·道尔林普，正式成为英国海洋军事部的海道测量师。在他的指导之下，英国海军开始探索世界海洋，并从此开始绘制现代军事航海志。

此后不久，美国海军也有一位年轻人加入——方丹·莫里。几年后，莫里中尉展现出他对整个世界的影响。他出版了著作《海洋自然地理》，此书被认为是海洋科学的奠基之作。莫里在海上工作多年后，开始掌管美国海图及仪器库，即如今美国水文局的前身。他在主持工作中开展了一系列从航海家视角进行的洋流风向研究，并在他的努力和主导下，形成了一套遍布世界范围的合作系统。各国船长会向莫里发送航海日志，莫里会从中整合提取信息，再整合到航海图中，之后将航海图副本发给所有合作的船长们。莫里的航海指南很快便受到世界瞩目：根据他的指南，美国东海岸船只到里约热内卢的航线缩短了10天，到澳大利亚缩短了20天，越过合恩角到加利福尼亚则整整缩短了30天。莫里为研究合作所提供的交换信息直到今天仍然有效。在美国水文局的航海志海图，也就是后来的莫里航海图上，都有这样一行小字："基于马修·方丹·莫里在美国海军服役期间作为海军中尉所进行的研究。"

如今，世界上每个海洋国家都会发行现代《航海航路指南》，这其中都提供了已知海洋航行最为详尽的信息。然而这些关于海洋的描写中可以看到古典与现代的融合，那明显的融合痕迹可以一直追溯到萨迦传奇里的航海指导，一直追寻到古代地中海航海人的《航海志》。

这一切确实令人惊奇而又欣喜，那些"老古董"里给出的航海指导与现代远距离无线电导航系统得出的指导竟然完全相同，并且时隔千年，二者竟然同样建议人们在浓雾天气里借助鸟类飞行和鲸鱼的行为来确定航向。《挪威航海志》中有这样的指南：

> [扬马延岛]大量海鸟可以提供接近陆地的方法，其栖息地所产生的噪音可有助于定位岸边位置。
>
> [熊岛]岛屿周围海域充满了海鸠。当天气雾气弥漫时，观察这些鸟群的飞行方向，结合使用铅棒，可帮助确

定航向。

即使是超级现代化的《美国航海志》对南极也有这样的描述：

> 航海者应充分观察鸟类种类，可根据某种鸟类的存在进行相对推测……鹭鸶几乎就是即将接近陆地的指示灯……雪鹱总是会跟冰联系在一起，很多航海者都把雪鹱当成航路中出现冰的预兆……呼呼喷水的鲸鱼总是朝着开阔海域的方向游动着。

有时候，遥远海域的航海日志仅有一些报告旧时捕鲸者、猎豹者、渔民对某个航道是否通行，或潮汐洋流的流向等方面的经验；或是包含一张至少半个世纪以前的最后一艘船只通过周围海域所准备的航海图。这些航海图常常会告诫航海者们，务必要向了解“本地知识”的当地人请教。这一时期中，我们会深深感到，海洋从未远离开“未知”与“神秘”这两个词：“据说这里曾经是岛屿……具有丰富本地知识的人也可以巩固这种说法……具体位置还是个谜团……曾经猎捕海豹的队员发现了一个海岸。”

这些海洋中偏僻的地方到处都会有，海面上始终漂浮着原始的黑暗，但是很快就被驱散。虽然人们了解了海洋中大部分海域的长宽，但如今要从第三个维度去思考时，人们才会用到“黑暗之海”这个说法。人类为了绘制海面的海图虽耗费了长达数世纪的时间，但与探究水下神秘世界的进展相比而言，这已经快速得惊人了。但即使有现代化探测仪器提供了极大的帮助，也没有人敢说能全部破解深海的最终奥秘。

从广义概念来看，很多古人的说法仍有意义，因为海洋总是在我们身边。所有陆地都来自海洋，所有陆地上飘荡的风都来自海洋摇篮，并终其一生想回到开始的地方。大陆本身在不断溶解消解，一粒粒地再次回到海洋之中。海洋催生的雨水又通过河流返回了母亲的怀抱。神奇的是，海洋既是所有生命的星星起源之地，又是所有生命最终的归去之所。世间万物最终归回大海，而海中之水，就像时间的长河，无穷无尽。

后　跋

河在我们中间，海在我们周围；
海也是大地的边缘，它波涛滚滚
拍向花岗岩，它把暗示它在远古和不久前的创造
星星点点地抛向岸滩：
星鱼，鲎，鲸鱼的脊骨；
在水潭里，它给我们的好奇心
留下了更纤巧的海藻和海葵。
它抛起我们失落的东西，那破烂的渔网，
捕捉龙虾的破篓，折断的船桨
和异域死者的褴褛的衣衫。海有很多种声音，
很多神明和很多声音。

——T.S.艾略特

蕾切尔·卡逊为我们带来了海洋的很多种声音，既有海的细语和呐喊，也有海的哭号和寂静。海洋无边无尽地存在着，永远有破解不竭的秘密。其实那些一直生活在海洋边缘的人，跟那些曾跨越海面航行的水手、曾经潜水接触洋底的幸运儿相比，对海洋的了解

并不少多少。阅读《我们身边的海洋》这本书让我更深地感到海洋的鬼斧神工、海洋的永恒无穷以及她对生命的滋养。

海洋语言里，有台风的呼啸轰鸣声，也有鹦嘴鱼安静地雕琢热带珊瑚礁发出的滴答声。下文中，我也一直致力于挖掘海洋更多的声音。我们会通过远远高出海浪的静谧卫星去观察海洋，通过紧贴海面疾驰而过的鳗鱼的眼睛去研究海洋，通过珊瑚寻找食物的触手去寻觅海洋。自从卡逊开始向我们介绍海洋以来这40年间，神秘海洋面纱已经缓缓揭开不少，但是还有许许多多海洋奥秘等待人们去解答。

海床运转

人们从沙滩上望去，看见海洋似乎在无穷无尽地延展，只能看到远方的海天一线。一切都好似那么的无穷无尽，永恒无休，也许这其中蕴含着人类的慰藉，是说明世界存在循环往复的证据。19世纪的地质学家查尔斯·莱伊尔认为地球在不断连续地循环。地球就像是一部原地踏步的脚踏车，而且步伐还相当缓慢。山脉在不断抬升，而后又逐渐被侵蚀磨平。生物让地球亘古繁荣美丽，却又来来往往。科学界里，这种对地球和海洋的认识直到20世纪中叶都占据着统治地位。

19世纪中叶，所有自然主义者似乎都觉得海洋盆地与陆地的位置从来没有变过，但通过推理也发现了地壳有收缩或膨胀的趋势，从而会引起海平面升降，而这些变化则是导致海水泛滥的主要原因。例如，恐龙时代中，墨西哥湾曾深入加拿大的西北疆域，形成了巨大的内陆海。从东南亚到中东范围内也有内陆海覆盖，连接起太平洋和大西洋。

随着地质学家们开始逐渐发现化石，可以破译古老地质环境的秘密，这一学说就出现了越来越多难以自圆其说的地方，比如，北非沙漠山脉中发现了来自冰川的岩石，具有超过4亿年历史；而阿拉斯加和南极洲却都发现了只能在温带地区形成的化石。难道是地球的气候曾发生过这样戏剧性的翻转？其他一些独特的地理学事实，也根本不可能是巧合。本杰明·富兰克林是最先注意到非洲西海岸线轮廓居然跟南美洲东海岸线轮廓吻合得像拼图一样完美的少数几个人之一。如果有人具备一些古生物学素养，他就会惊奇地发现，加拿大新斯科舍省所发现的约有3亿年历史的志留纪化石，居然跟苏格兰地区挖掘出的化石相似度惊人，这种相似度甚至要高于海洋两岸如今大部分贝壳生物的相似度。地质学家们也注意到大西洋两岸很多岩石的年龄和类型都能完美吻合，一些主要的地貌特征甚至都能符合一致，例如，如果人们在苏格兰地质断层（尼斯湖之下的断层）下画条线的话，可以一直连接到加拿大新斯科舍省的地质断层线。

这些事实在世纪之交的时候开始得以广泛传播，一位来自德国的天文学家，阿尔弗雷德·魏格纳，将所有这些线索连珠成线，形成了一个全新的地球观，完全迥异于之前一代代地质学家们所认为的基础知识。他认为，陆地必然是在运动，像船一样穿行在地球母亲的发源之地，在海洋般地壳之中漂移。这一惊人想法刚一提出便引起地质学界的争论，直到20世纪60年代才渐渐被大部分人所接受，也就是恰好在蕾切尔·卡逊修订此书之后，当时地质学的革命已经风雨欲满楼。海洋学家通过远程探测设备和深海钻机来探测海洋地壳所带来的真实证据，证明魏格纳的理论是部分正确的。到20世纪60年代，人们对地球历史的认识得到大幅提升，并且可以进行全球范围的探测。

这其中，地球磁场的非永久性也许可以说是最重要的发现。每个人都学过，任何一块磁铁都可以跟地球两个磁极成一条线。几百年来，水手们在海洋中探险历险时，都坚信只要用罗盘来指引方向，再加上跟着星星走的话，船只最终将会找到港口。而许多从地狱般囚船和囚禁监狱里跑出来的叛变者和囚徒，没有罗盘导航，最终只能可怜地流落在浩渺大海之中。但是要知道，70万年前的水手眼中的世界跟如今相比是上下颠倒的。当时，地球的磁场是翻转过来的，这也是地球历史上最重要的翻转之一。很多人都在推测地磁翻转所导致的种种影响，当时地球周围缺乏磁屏蔽，可能会产生一股巨大的生物杀伤性宇宙射线。

随着矿物质逐渐结晶于水下火山岩石中，磁场再次开始跟地球两极磁极统一成一条线。如果有火山石在70万年前就已经形成了的话，其磁性物质的磁极跟如今地球磁场方向恰好相反。所以可以说，岩石已经记录了地球磁场的所有翻转历史，可以依靠放射性矿物质或是化石等手段独立追溯。这一重要特征是破解陆地海洋水平运动的关键。

20世纪60年代，人们在公海海床上厚厚的泥泞中进行了针对深海地壳磁性的地磁测量。这是一项新的技术，高敏度磁力计从空中探测海底里磁性矿物质颗粒的分布方向，尽管中间有高达两英尺半的海水阻挡。在北太平洋，海洋学家们发现了一系列正常翻转间隔的极性变化带。后来进行的调查大都集中在中大西洋洋脊东西方向上，这条蜿蜒的水下山脉将大西洋差不多一分为二，分成东西两侧，而且围绕着洋脊形成了惊人对称。从洋脊向东，人们可以看到磁极的一系列正负变换，也就是地球现在磁场方向和翻转方向之间的变换。从洋脊向西现在也有相同的顺序。这一如此有趣的模式到底应该如何解释？另一种对称现象可能为我们提供了线索。放射性年代测定方法显示，如果从洋脊向东或向西移动看去，会发现海底火山岩年龄逐渐增加。而且从洋脊开始分别向东及向西移动相同的距离，会发现岩石大约在同样的年龄范围上。

这些发现颠覆了人们对洋底以及整个地球的原有认识。洋底中的火山岩必然从洋脊处产生，并均匀向两个方向传递，就像是缓慢移动的人行道一样。这很好地解释了为什么从洋脊开始不论是向东还是向西的岩石年龄都在递增。因为岩石从火山中产生，最近产生的岩石位置最接近洋脊。洋脊处形成的火山岩会跟当时的地磁极性相同。远离洋脊的岩石可能产生于数百万年前，如今看来可以说是相当古老了。这些岩石的极性反映出洋脊处结晶曾经的特征，洋脊既是熔融岩的来源，也是地壳运动的中心。

地球地壳运动理论，也称为海底扩张运动，可以很好地解释磁性数据变化。洋脊处结晶的火山岩中的磁性矿物质跟如今磁场的方向相同，而数英里以外的岩石所具有的磁场就会跟其结晶年代的磁场相同。如果说有什么地理“豁然开朗”般的大发现，这就是了。

冰岛地区也有海洋洋脊的火山作用证据留存，不断上涌的地热温泉说明这里的火山活动一直在持续。20世纪70年代，地质学家在当地深海洋底发现了人们称为“地狱之门”的地方。沸腾的海水不断从管状岩层喷出，有时甚至能高达10英尺。熔融岩石不断渗入岩石断裂带的炎热海水下层，并且海水会再次升起到海面，形成的景色堪与美国黄石国家公园的沸腾泉水喷泉相媲美。更让人惊奇的是，这些火热山口周围的岩石上甚至聚集了数量众多难以计数的洋底生物，就好像它们要等着排队叫号似的。这里有丰富的螃蟹、蛤蜊、贻贝和海底蠕虫。这其中最神奇的生物莫过于被套动物，这些超过5英尺长的虫子生长的管子有时能长达9英尺。贻贝和蛤蜊一般都能超过6英寸长，要知道，人们早已习惯了深海蛤蜊不超过半英寸长，乍一见它们，对比可谓惊人。大部分深海生物一般来说都接受不到遥远海面的物质，体型较小，这些动物如何能获得足够的食物长成如此巨大的体型呢？

海中岩石裂缝处那不断翻涌的含硫海水完美解释了食物之谜。一些特定种类的细菌在硫化物的氧化过程中会获得能量，并能进而利用这些能量合成生长发育所必需的物质。研究发现，所有这些大型深海动物都跟数百万的细菌共同生长着。被套动物的腔中寄生着成千上万的细菌，并能通过一种特殊的血红蛋白同时将氧气和硫化物提供给这些细菌。其他深海栖息地里没有这些丰富的硫物质来源，深海生物们就只能依靠时不时从海面下落的少得可怜的物质作为补充。

因为地球上，陆地深深陷在洋底地壳之中，所以人们现在理所应当地认为陆地肯定是在运动的。南美洲和非洲之间的完美契合并非偶然，其他许多地质构成和化石的契合也非碰巧。目前有证据显示，大西洋洋底按每年1英寸到数英寸的速率运动，数亿年来，就累积了数百英里的侧向运动。摩西也许曾经将红海海水一分为二，但是过去几百万年间，地质力量确确实实地而又持续稳定地将阿拉伯和埃及越推越远。印度次大陆板块是另一个典型例子。如果印度次大陆板块不是在洋底运动作用下稳定地向着非洲东南方向靠近，和亚洲大陆板块发生挤压从而引起了喜马拉雅山脉的崛起的话，埃德蒙·希拉里爵士根本没有山可以去爬。

如果将洋底看作是传送带，新的岩石不断在洋脊处诞生的话，海洋地壳会堆砌到了哪里？多年来，海洋学家们早就了解到海沟的存在，这种不断蜿蜒深入的存在，只有最强的潜水器才能穿越巨大水压的阻碍去探测。人们后来才研究发现，这些深渊原来是地壳向下运动所造成的洼地。这些地壳物质最终在极深处再次溶解吸收，成为地球地壳的更大组成部分。这就是地球地壳的生成循环，通过侧向运动和再次吸收而完成。

那这一切是不是亘古不变，一直延续至今呢？事实并非如此。约1亿年前，大西洋只是一带狭小水流，勉强存在着。如果当年这史前海洋上有船只航行的话，它可以在一天之内从美国纽约到英国南安普敦，甚至还能剩下几个小时休息呢。然而，从此以后开始了持续漫长的海底扩张期，大西洋逐渐开阔了。到如今，逐渐长大的大西洋还没比得上它的大姐大——太平洋。

假如地球历史能像原始动画那样一页一页地倒放的话，我们会发现大陆在不断上升、分离、重组，就像是颠簸水面上洒落油滴的运动一样。地质学家们已经可以借助在岩石中储存的不同地质阶段的磁场信息来重构这段历史。对于一块特定陆地来说，结晶在岩石中的磁性物质应与地球磁场的方向一致，这里的原则或多或少跟海洋岩石相同。如果收集岩石后，发现了记录完好的当前空间定向，那就有可能通过磁力计探测其中磁性物质的空间定向。如果这块岩石数千年间没有移动，那么其中的磁性物质应该可以算是一个相当好的罗盘，明晰地指着目前地磁磁极方向。这当然说的是最近形成的火山岩，如果是古老岩石中的磁性物质的话，通常会偏离当前的地磁磁极方向。这背后的原因，要么是数千年来地磁磁极本身发生了偏转，要么就是生成这些物质的岩石改变了方向。借助计算机的帮助和一点儿创意想法，人们就可以从不同陆地中找出年龄相似岩石的磁性方向是否匹配，磁极方向经过这一重组通常会指向南极或是北极。

如果人们根据古代地磁磁性（古地磁）信息来重建陆地位置，就会发现陆地与海洋的动态变化历史。目前所有的大陆在约6亿年前都曾经来自一块超级大陆，它被人们称为盘古大陆。这一巨大的超级大陆渐渐分崩离析，陆地碎片随着海床运动而沿着地球表面运动。后来，这些陆地又曾再次聚集，而后又再次分开，最后一次分开就逐渐创造了大西洋。

地球是一颗动态星球，地理和气候情况都在不停变化。随着陆地的移动，海洋和洋流系统都得以重新排列，主要生物圈类型都你来我往，更新换代。陆桥连接起了陆地，动植物们沿着如今难以想象的迁徙路线去征服新的疆域。不同海洋也都通过这些运动分别被孤立了起来，比如数百万年前崛起的巴拿马地峡将大西洋和太平洋两个大洋分离开来。我们的星球经历了陆地主要重组、生命大量灭绝和陆地急剧变化，人们也许能从中学到点儿什么。人们也许能读懂历史中隐含的管理脆弱星球的法则。我们如今已经在经历全球变暖和海平面上升的改变了，也许过去的事情能帮助我们更好地预测未来。

全球温控：洋流不息

每过几年的圣诞节期间，以基督之子命名的厄尔尼诺洋流便会裹挟着死亡和狂怒来到东太平洋。大多数风调雨顺的年份里，秘鲁海岸边的风不断给陆地带来海面的水分，深海里凉爽海水开始上涌。从深海而来的营养物质给诸如硅藻等浮游生物带来了生命所必需的物质。这些微小的单细胞生物是凤尾鱼的丰富食物来源，这种鱼也撑起了世界上最大的渔业之一。凤尾鱼、海蛤，以及许多其他生物都依靠着充满营养物质的凉爽海水存活。当厄尔尼诺洋流前来的时候，开阔太平洋上吹来的海风带来了温暖的海水，将各种营养物质都带向了海岸，忽然而至的火热海水杀死了海蛤，而忽然之间消失殆尽的营养又饿死了鱼儿。南北美洲海岸上都是暴风雨肆虐，南加利福尼亚那许多奢侈的房屋都在一夜之间成了漂荡在蓝色太平洋上的废料。

海洋学家们知道厄尔尼诺现象并不仅仅局限于本地。整个太平洋，甚至印度洋的气候都受到了影响。厄尔尼诺现象出现期间，澳大利亚通常会经历干旱；印度所习惯的季风也迟迟不来到，粮食生产陷入一片混乱之中。人们从此了解到气候在全球范围内的联系，没有任何一个地方能完全独立。

海洋和陆地气候的起伏变化会持续更长的时间跨度。约1.5万年前，冰川大范围地覆盖着陆地，特别是在北半球范围，加拿大和新英格兰的所有区域几乎都在冰雪覆盖之下，甚至还一直向南延续到纽约。我们如今依然能看到冰川在巨大岩石里留存的证据，贯穿美国北部的冰碛物山脉那嶙峋不平的岩石都是宝贵的证据。尽管西伯利亚的贝加尔湖起到一定隔绝冰川的作用，对周围地区气候有一定调节作用，但是北欧和亚洲的大部分面积也都在冰雪的掩盖之下。自这个时候起，冰川就在不断地缩退。纽约长岛北岸曾经是北美大陆冰川的南行终点，可如今这里却享有温和宜人的环境，夏季温暖，冬日柔和。冰川在最近这几千年里不断缩退的痕迹在瑞士和阿拉斯加可见一斑。

19世纪初期，地质学家们根本想象不出冰雪扩张到覆盖全球是什么样子，全靠瑞士自然主义者路易斯·阿加西斯的积极倡议才让整个世界慢慢相信了这一点。起初，大部分地质学家们认为出现在北纬度的巨石是当年诺亚洪水造成的结果。后来在19世纪中叶时，在经历了约30年激烈辩论后，大部分有学识的人都接受了这一观点，认为高纬度地区曾覆盖过超过1英里厚的冰川，但后来又慢慢退去。后续的多层终碛石中留下了冰川多次进退的证据，沉积物和石块的淡水层就留在冰川不断后退的边缘上。

冰川在最近200万年甚至更久的岁月里规律性变换进退的故事中，深海海床为我们讲述了更多。海洋学家们曾将长长的探测管深深扎进海床中，得到了数十万年来沉积物的横截剖面。深海所取得的地芯中有大量黏土沉积带和石灰质浮游生物骨架主要沉积带的交替分布。富含黏土的沉积层说明了强烈冰川期的存在，当时冰通过研磨作用不断侵蚀着陆生岩石，融水不断将黏土粉末带到海洋。碳元素的同位素也给人们讲述一个类似的故事。自然界中碳以两种形式存在着：碳13和碳12。每当海洋温度较低或是冰川范围扩大的时候，浮游生物的石灰骨架中就会富含碳13。深海地芯中，我们发现了碳13物质的交替分布，说明冰川的周期性进退活动。

为什么会有这种规律性交替变化？这难道是一种速度标记吗？尽管目前深海沉积物中没有可用的证据，但在19世纪冰川期期间曾明显经历一些穿插的温和时期。广阔的南欧大陆上有时会长满湿润的温带森林，但是又会穿插着冰川广阔分布，深入北方，陆地长期处于荒芜赤裸的时期。海洋中，冰川期总是伴随着猛烈洋流运动和风暴气候，而冰川间歇期则显得相对平静。这种规律性变化到底是来自地球内部变化还是外部大气层的驱使呢？有些人选择仰望星空，去寻找答案。

1842年，数学家约瑟夫·阿德马尔出版了《海洋算法》一书，详细论述了地球围绕太阳运动轨迹形状的周期性，以及地轴的倾斜角如何能引起全球变冷，并在南北半球交替发生。他（以及后来苏格兰的詹姆斯·卡罗尔）提出冰川时代可能跟天文周期之间有联系，并预测出每个半球的冰川时代应交替出现，虽然后来证明这一理论是错误的。优秀年代测定理论发展出来后，人们清楚地了解到两个半球的冰川前进是同时连续的。所以天文理论在那一段时期内看来似乎不可取。

米兰科维奇，一位来自南斯拉夫首都贝尔格莱德的工程师，开始钻研冰川时代这一重大问题，他像阿德马尔和卡罗尔一样，认为这一问题的关键在于太阳和星星们。他的漫长研究经过多次波折，但其间不论是第一次巴尔干战争时期，还是第一次世界大战时被囚禁入狱，他都从未中断研究。他的牢房就是宇宙的一个微观世界，房顶就是广袤星空的天穹。即使在锒铛入狱之际，他也在继续计算着地球在千年间的运动轨迹和偏角。米兰科维奇认为，就是这两个要素导致了世界气候的变动。地轴的偏角循环长达4.1万年，而这必定与冰川的进退有关。另外一个2.2万年的循环也影响了季节与地球围绕太阳运动形状间的关系。从太阳辐射的计算中可以发现，这一影响在赤道地区似乎最为突出。米兰科维奇通过整合，计算了冰川过去50万年间所能到达的最低纬度。

最开始，这些证据似乎并不能支持米兰科维奇的预测。随着人们逐渐有能力去测定冰川时代，可以通过先进技术测得冰川进退的时间后，人们发现米兰科维奇对气候波动的预测不是都跟冰川进退相符合。后来人们发现了一对长到难以置信的地芯，大约能连续记载过去45万年的历史，上面温度敏感性的浮游生物都清晰可数，可以由此估计出古代温度。事实上，附着在海底上相对丰富的浮游生物物种可以帮助人们了解当时海洋的温度。海面之下深处的地芯研究越是深入，对过去的研究就越深入。这些复杂的信号可以在循环中进行分析，在很大程度上可以看作是示波器。布朗大学的海洋学家约翰·英柏瑞曾分析这些数据，发现温度波动不仅跟4.1万年循环周期有关，也和2.2万年循环周期相关。后来人们又发现第三个长达10万年的循环，都跟地球围绕太阳运动轨道形状变化有关。冰川进退的秘密也就此破解。

但是冰川时代为什么会开始？我们还是并不清楚。这有可能跟太阳辐射强度变化有关。1000万年前，南极洲从一片相对温和的区域变成了一片纯粹的冰雪世界。有人认为陆地漂移在这其中起到了很大的作用。随着南极大陆逐渐漂向地理南极，冰雪在沉淀作用下逐渐形成，并在太阳光反射的促进下不断得以延展。也许有一天，冰川时代的奥秘将通过这些冰雪宝库找到答案。

如今，我们正处于全球变暖的阶段，冰川整体上处在缩退状态。瑞士阿尔卑斯山古老的冰川绘画，清晰展示出150年前山谷上的冰川要明显更多。随着巨大的陆地冰川不断缩减，海平面显著稳定升高。1.5万年前的海洋边缘在现在纽约海岸线以东200英里，跟现在的海平面相比要低300英尺。随着冰雪逐渐消融，不断有水分注入海洋，海平面逐渐上升到如今水平。过去的100年里，海平面上升这一进程稳定进行，每年都会上升1/10英寸。

我们并不能确定未来会是什么样子，因为即使是微小的海平面变化，比如说即使只有10英尺的改变，也会产生难以预测却至关重要的影响。海平面仅上升10英尺，就会带来难以想象的浩劫：世界上许多主要城市——迈阿密、威尼斯、哥本哈根、纽约和香港等城市——都会饱受风暴洪水的威胁。低海拔国家，如荷兰和孟加拉等恐怕难以从灭顶之灾中幸免。未来的我们有没有可能都将面临这样的灾难？

如果这一趋势继续下去，我们的命运将会怎样？过去的一个世纪里，工业化导致了大量化石燃料的使用，向大气层中排放了大量的二氧化碳。自1850年起，大气层中的二氧化碳便上升了25%。这就产生了问题，因为二氧化碳不仅会吸收太阳光中的热量，还会将热量留在大气层中，由此就导致了全球大气层温度升高，也就是温室效应。这一变化进一步刺激温度有了更大的升高，而温度升高又导致植物的呼吸作用增强，从而会向大气中释放更多的二氧化碳。加之森林砍伐又加剧了温室效应，因为森林所消耗的二氧化碳要远远多于（通过呼吸作用）释放的二氧化碳。全球整体变暖效应对气候的影响极为剧烈，20世纪80年代里，就有20世纪里最热的6天。（译者注：截止到成文时间。）这个变化也许只是随机波动，但是过去100年里的趋势已经很明显：全球变暖正在发生。

全球变暖对海洋来说意味着什么？南极、格陵兰岛和其他极地区域的大量冰川将融化，海平面将上升，海水不费吹灰之力就会淹没世界上大范围的海岸。世界上的低海拔地区将全被淹没，至少会出现洪水泛滥。美国路易斯安那州如今在一系列综合原因影响下，每年都会失去成千上万英亩的土地，这其中的原因很复杂——沿岸侵蚀，盐水造成的湿地破坏，还有挖掘石油造成的凹地效应都有影响。而这仅仅是个开始，大型毁灭很快就会加速进行。孟加拉国还能再经历几次海平面上涨？即使最微小的一次上涨也会造成可用农田的大面积毁灭。威尼斯也将无法幸免。许多城市所赖以生存的饮用水也将难以幸免，因为海平面上升将带来盐水逆流而上。纽约市未来将主要依靠哈德孙河作为淡水来源，而如果未来50年里海平面再上升的话，这点就再也无法实现。人们啊，千万不要等到为时已晚。

上一次冰川时代的记录已足以发人警醒。上一次冰川扩张期的终结期从15000年前延续到8000年前。格陵兰岛上那从未溶解的冰川记录这次已有撤退的信息。取样地芯经过年代测定后，显示出气候曾在极短时间内急剧变化。约在10700年前，北大西洋在短短20年间就从波涛汹涌的海洋变成一片相对沉静安谧的海水。50年间，海水温度上升了13华氏度。格陵兰岛沉积在几十年间增长了50%。我们对未来确实不可能做出一个确切预测，但是我们确实有理由去担心，并要严肃对待人类活动对气候变化可能造成的影响。

灭绝即永恒

切萨皮克湾海岸上海浪冲刷出了岸边的贝壳，这其中有一种长达8英寸的大扇贝壳，它属于锥螺属生物，具有不同花纹图样的高度螺旋圆锥形壳。但是如今的海湾上再也见不到它们，甚至在整个海洋中也再也找不到了。这些生物形式早在人类出现在地球上之前的数百万年里，就慢慢灭绝了。当年跟恐龙一起灭绝的还有美丽的锥形的鹦鹉螺化石、三叶虫，它们留下的化石证明这一系列美丽生命世界曾经存在过，但如今已不复存在。

生物灭绝的事实是海洋中诸多难以破解的谜团之一。二叠纪末期，也就是约2.25亿年前，当时海洋中超过90%的生物物种如今已经灭绝。但这是为什么？什么事件会造成生物大灭绝？这样的情况算得上是一场大灾难吗？难道当时的地球突然就变成一个沸腾着硫黄的大锅吗？还是这一切是缓慢发生的呢，慢到难以发现改变？

如果我们开始重建地球历史，大部分海洋生物似乎在很长的时间里经历了出现、繁殖然后走向灭绝的道路。约7亿年前，也就是现代海洋生物出现之前，海洋中生活着大量软体动物，但是它们跟现存物种半分相似也没有。这类动物在约6亿年前寒武纪开始的时候似乎就逐渐消失了。这之后，各种物种不断上演这一演变过程，但是海洋还是经历了好几次物种大规模灭绝。

约在6000万年前，海洋中数量众多的浮游生物突然之间消失灭迹，尤其在意大利裸露岩石海滩上表现得非常明显。这片区域内海拔较低的岩石一直富含古代石灰质浮游生物，可是突然，这些岩石分崩离析，浮游生物也都不翼而飞。难道是浮游生物立时立刻就灭绝了吗？丹麦地区相同年代形成的一个石灰质沉积也发生了相似的事情，本来那里的一定海拔以下覆盖着丰富浮游生物，但是就像意大利地区一样，它们在突然之间消失了，只剩下岩石，完全没有任何海洋生物。

法国自然主义者乔治·居维叶在18世纪末期第一次注意到这种生物大范围灭绝现象。他推测该区域内发生了大型灾难，杀死了所有动物，其他动物会逐渐从其他区域迁移而来进行补充。19世纪，地理学家赖尔认为地质进程并不是灾难性的，他说服了其他自然主义者。赖尔否认了居维叶的观察，因为特定地理范围内经常发生这种生物突然消失的事情，这点倒是有点令人好奇。达尔文的进化论替换了原有的灾难说，因为人们认为进化转变是自然发展过程。古生物学家们花费了将近100年才意识到，进化灭绝这一过程既不缓慢稳定也不是一蹴而就，偶尔还会有生物大灭绝现象发生。

古生物学家对这种现象的解释几乎没有漏洞，因为多数的生物集体性消失事件总是会跟气候和海平面的主要变化有关。二叠纪生物大型灭绝时期就伴随着海平面的显著下降，甚至可能是历史上最大的一次海平面下降。这些事实很多都是在《我们身边的海洋》这本书成书之后才发布的。古生物学家们虽然可以接受海平面或气候变换会毁灭生物栖息地从而导致生物灭绝这样的事实，但是从没有多少科学家们愿意接受任何灾难说理论。赖尔在这个领域一直产生重大影响直到20世纪70年代。

后来，沃尔特和路易斯·阿尔瓦雷斯结成了科考父子团，他们的发现震动了整个科学界。他们发现黏土层所含稀有金属铱含量跟白垩纪末期的浮游生物大灭绝息息相关，这点适用于全球各地相同时代的意大利岩石及其他岩石。稀有金属铱通常不多见于地表岩石，而在陨星中相对含量丰富。阿尔瓦雷斯突然之间就豁然开朗了。地球以外的天体曾撞击地球，长期搅乱了海洋环境，这足以导致海洋生物的灭绝。而且浮游生物、美丽的珍珠色鹦鹉螺和恐龙确确实实都是在那段时期里消失了。人们终于找到了这幕后的黑手，科学家也都以为生物灭绝的奥秘迎刃而解了，但是真相却没有这么简单。事实证明很多生物的灭绝（比如恐龙）时间并不完全一致于稀有金属铱的生成时间。有些生物的灭绝时间在铱沉积之前，很明显，外来天体总不能还没到达地球就开始施展威力了吧。

然而天体撞击说并没有被完全否定。古生物学家大卫·罗普和约翰·塞普科普斯基发现了生物灭绝的节奏规律，每过2600万年就会到达高峰。虽然准确周期还存有争议，很多天文学家都发现了符合这一规律的周期。有的科学家假设太阳存在双生子。人们认为这个被称为涅墨西斯的星体会每隔2600万年搅动彗星星云，会造成瞄准地球的流星雨，引起漫天大火，给大气层带来不少尘埃，从而可能会让海洋和大气层逐渐冷却下来。鉴于地球最寒冷的日子里总是伴随着像喀拉喀托火山爆发等情况，这一解释似乎是可信的。

人们对于生物的大型灭绝还是没有确定解释，甚至还有人在怀疑生物灭绝是不是真的发生过。但是无论怎样，化石记录下来的灭绝情况为人类讲述了生命的历史。任何一个物种从出现到灭绝的循环都无法复制，相同生物组织的再现也只是相似而已。每一种生物灭绝后都会跟随着其他新物种的出现。但有的时候，比如说二叠纪时期，生物丰富期后是长时间的生物贫乏，又将足足耗费上亿年时间才开始生物复苏。如今人类无知地毁灭着地球上的雨林和浅海，人类要准备好接受失去的生命形式再也不会出现。巨大的信天翁消失了，再无替代品。如果人类杀死了最后一头蓝鲸，以后上亿年间不会有其他生物能有类似的雄伟。灭绝意味着不论曾经、如今、未来，都是永恒的消失。

深入深海

19世纪之前，人类想要观察海床的话，只能通过采集各种各样的浅水珍珠和海绵的眼睛，通过拖网渔船去认识深海，所了解的范围一般不会超过50英尺。来自英属地曼岛的爱德华·福布斯是系统研究深海生物的第一人。19世纪20年代里，他率领着几艘小型航海船只远航入海，将挖掘设备深入海中，带回了很多之前人类从未见过的生物。他因为未能在地中海的更深层中找到一星半点的生命物质，从而预测300英寻以下海域中没有任何生命存在。

福布斯的理论很快就被推翻了。挪威的迈克尔·萨斯和其他生物学家在更深海域里都发现了丰富多彩的生命形式，但是深海生物的挖掘采集仍然很难进行。采集过程中要用到数千英尺长的绳子，船只要在平台上停留数小时等待挖掘机逐渐深入海洋，开始挖掘，然后慢慢抬起。人们开始用钢琴弦去替代绳子，绞盘动力驱动和蒸汽动力的介入也都起到了帮助。到了19世纪末期，世界各地深海中都发现了动物生命，除了洋底中没有氧气的海域，比如说死海，是例外。海洋生物学家们曾一度认为，有一种由原始黏液构成的深海生物覆盖满整个海床，后来著名的挑战者号科学考察队成员们才发现这种所谓生物仅仅是沉积物保留的一种物质。深海海床似乎是物种稀少，实际上各种物种分布广泛。

人们对深海的认识在20世纪里没有什么大的改变，但逐渐发现了更多物种，其中有些生物相当稀有。深海中有一种相当奇怪的贝壳状生物，人们相信它跟如今软体动物的祖先是近亲。人们眼中的深海海床随着新技术发展而改变，如今这里再也不是生物荒芜的寂静之地。

20世纪50年代里有了更为迅速的发展。海洋生物学家霍华德·桑德斯和罗伯特·赫斯勒开始使用高级合模机对海底进行取样。如今成熟的深海挖掘机深入到1.3万英尺的洋底也不会被海水冲走。新取样完全改变了人们对深海洋底的认识。深海从未贫瘠，反而是泥泞大陆架根本无法比拟深海生物的丰富多样性。桑德斯和赫斯勒认为深海环境的稳定性和深海洋底的年龄促进深海物种得到进化，而非灭亡。

20世纪60年代里，海洋学家们是技术革命的受益者。当时，航海技术借助无线电三角技术，已经相当准确，后来升级成卫星技术后，甚至可以定位海面任意3英尺范围内的船只。尽管深海潜水器从20世纪50年代开始就可以深入海沟，但每一次探测都异常艰险，得到的观测也很受限。潜水艇在20世纪60年代只能按规定路径航行，如今可以探测深海洋底，甚至能在洋底中部洋脊多岩区域内精确航行。美国海军的潜水艇——伍兹霍尔海洋研究所的阿林号（以海洋学家阿林·维恩命名）装有摄像头、机械臂和多种传感器。当年拿着生铁挖掘机的爱德华·福布斯如果知道了这难以想象的技术，会怎么想呢?

但从某种程度上说，技术也不能深刻洞察深海的鬼斧神工。1968年，阿林号潜水艇意外地从吊艇柱上掉落，沉入深达1540米的海域。幸运的是并没有人受伤，仅仅损失了这台装备先进的潜水艇，后期首要任务也就是寻找潜水艇。约一年后，堪称20世纪里技术含量最高的打捞行动把阿林号重新带回到了海面。人们当时发现，阿林号里还原模原样摆放着1年前科学家们跳水脱险时没吃完的午餐！我猜你读到这里应该觉得那些腊肠三明治、苹果和保温杯里的汤在海底过了1年都不知腐败成什么样子了……但你想错了，这些食物几乎没有腐坏。苹果看起来就像是在冰箱里放了几个星期一样。微波炉里的三明治怎么样了呢？一位伍兹霍尔的海洋学家直接简单粗暴地啃了一口面包来寻找答案，并回应说虽然吃起来比较咸（必然的），但是完全可以吃，不过这位科学家后来没有勇气去尝尝那根腊肠。科学家之后将面包放置到室温环境中，它立马腐坏了。

深海的运作机制很显然与浅海床迥异。一个苹果要是丢进沿岸海湾里很快就坏掉了，但是很明显，深海中的细菌活动要缓慢很多。深海中的细菌已经适应了从海面零落而下的少而又少的有机物含量，演化成生命活动非常缓慢。（深海的巨大压力和低温也是微生物活动速度变缓的一个原因。）几乎没有什么有机物能到达深海，所以深海生命组织也大都活动异常缓慢。深海海床的食物来源，大部分来自海面活跃海水，但却没有多少物质能长途跋涉一路安然无恙地下降到深海。深海鱼类大部分都松松软软，没有什么肌肉，因为它们经常吃饱一顿饭就不知道下顿饭在哪里。深海的外来移民也要降低自身的活动水平以便能依靠来自海面的稀薄食物度日。深海中的火山口是仅有的例外，因为火山口附近的动物们可以依靠火山口巨量的细菌为食。

深海中还有很多谜团，如今人们拥有更多工具可以探索、观察、试验和收集。随着卫星航行技术的发展，探索甚至可以精确到客厅里家具布局这么细小的事情。借助高敏度探测声呐和遥控深水设备，人们也在北大西洋中确定了泰坦尼克号和俾斯麦号的位置。遥控式深水设备可以沿着洋底系统运动，拍摄录像并沿途采集样品。从爱德华·福布斯的挖掘机开始，我们在探索深海洋底未知世界的道路上越走越远。

何去何从

太平洋西北部的一座岛屿上，我看着我的儿子内森准备起航他的小船，其实也就是一堆木头，去乘风踏浪。他正在海面颠簸时恰巧碰到一支货船船队，让我不禁思索，这支船队也许来自遥远的海岸港口，也许会在未来呼唤着我儿子的小船。这支船队曾到过日本吗？到过温哥华岛吗？还是船队即将返航，回到家乡的沙滩？一年后，当我们在纽约长岛观察一些小鳗鱼在洋流中溯流而上时，我也产生了这样的想法。但是这次我们清楚的是，这些鳗鱼刚刚结束了万里伟大航行，从公海中刚刚返回不久。

鳗鱼终其一生都在潮汐洋流之间颠簸，捕捉着泥泞中的细小生物为食。虽然它们不像其他脊椎动物那样具有丰富多样性，但在欧洲、美洲等地区还是出现了不同种类，分别生活在北欧浅海滩和北美洲东海岸。鳗鱼在出生后的几年里，都会开始向公海游去，会游到靠近海底的地方，并远航成千上万英里一直到马尾藻海。没有人能确切地知道这些小小鳗鱼是如何远航如此遥远的距离，但它们会在马尾藻海产卵，后代子孙们就在这片热带开阔海洋的浅海域上生长。欧洲和美洲鳗鱼的产卵区域略有不同，但是二者的新生小鳗鱼们都会漂流到墨西哥湾流海面上，一路向北。神奇的是，美洲鳗鱼不知为何就晓得了要离开洋流向西游去，所以来到了北美洲的东海岸；而欧洲鳗鱼却决定继续向东跨越大西洋，最后来到欧洲北部的洋流之中。

但是，这个故事中最令人惊奇那部分是在冰岛。生物学家乔治·C.威廉姆斯捕捉了一些似乎是在美洲和欧洲品种间过渡的鳗鱼种类。他和同事通过基因分析发现，这些鳗鱼其实是美洲鳗鱼和欧洲鳗鱼在马尾藻海上形成的杂交物种。这些杂交物种会在基因的决定下，在冰岛海域决定未来将去往欧洲和美洲中间的某个地点，冰岛就此获得此殊荣。

鳗鱼为什么要不远万里去繁殖？为什么又偏偏选定了马尾藻海？为什么会形成这样的基因编码？这一切都跟产卵繁殖地点的选择有关。但是，为什么它们要选择一个如此远的地方？人类一无所知。难道大西洋还没有这么辽阔的时候，鳗鱼就形成了这一固定路线了吗？

太平洋里的鲑鱼也有这种媲美鳗鱼的能力，可以神奇地探测出数千英里以外的目的地。开阔的太平洋公海中生长着6种不同的鲑鱼，它们在海中生长两到三年后，各种不同种类的鲑鱼开始游向“家乡”河流。它们会加入主海流，然后逆流而上数百英里，抵抗着洋流、瀑布和各种天敌，直到抵达几年前破卵而出的那个分支海滩，甚至是碎石遍布的浅滩。但是它们是怎样准确找到回家的路呢？人们认为，海水的味道很有可能帮助它们指明了家在何方。但是更重要的问题是，为什么会有这样的旅行？海洋里，长途旅行似乎才是最重要的事情。

这些流浪儿是海洋生物众多生命循环中的重要部分。很多无脊椎动物的漫长幼年时期又被称为浮游幼虫，其中许多会漂流上数个星期，但是有些生物能生活长达数月，甚至整整一年，时间漫长到足以跨越整个大洋。这许许多多蜗牛幼虫可比哥伦布早好多个世纪就已会漂洋过海，跨越整个大西洋。波利尼西亚人进行从环礁到环礁的伟大迁移之前，珊瑚幼虫早就已经完成了跨越太平洋的航行，从马绍尔群岛转移到夏威夷，又跑到了巴拿马。

这些生物迁移意味着什么？比如拿鲑鱼来说，迁移就是一切。河水是产卵的理想场所，卵可以得以发育，并能逐渐习得抵抗捕食者的能力。而且还要再过上一阵子，成年巨大鲑鱼才会需要开阔海洋中的大量鱼群以满足贪婪的胃口。所以就出现了这一迁移模式，从产卵场所到捕食场所，两者之间有时甚至会隔着上千英里。但是这些鱼儿为什么恰好能返回到父母的产卵地点呢？为什么不会随便跟着一股洋流就走呢？在我看来，人类目前无法正确破解这一神奇奥秘。

对无脊椎动物来说，这一趟旅行并不是简简单单走个来回。洋流和风会将下一代带到遥远海岸去，永远地离开父母。为什么要这样？父母们为什么不把年青一代留在自己身边，继续享受着滋养过上一代的栖息地呢？这也许是因为没有什么海洋栖息地能在灾难面前长久保留。人们总是默认海洋就是温暖平和的家，养育的海洋生命进行着蜗牛般的发展运动，几乎没有什么实质改变。但事实真相完全不同。比如说，珊瑚礁常常会被卷进飓风和风暴带里，如同成年人般的大型珊瑚分支经常像玩具一样被轻易地卷起；如同汽车般大小的卵石被卷起升高到10英尺以上，然后掉落到码头上。所以鱼儿们绝对不会让下一代继续待在这个凶险之地。这些海中流浪儿们也许就是为了防止出生地不知何时会惨遭毁灭，才会去努力寻找新的生存之地，年青一代也许就是这样才不会跟父辈一起争夺食物。但是，鱼儿们所进行的旅行，同时也是移动的美食盛宴。

无脊椎动物幼虫的长期漂流也带来一个麻烦，到了应该安定的时候要怎么样才能恰好找到合适的栖息地呢？一般来说，从来就没有完全正确的地方。有时候即使已经在海上漂了多个星期，但是洋流并没有真正将幼虫带到远方。海上的漩涡甚至有时候还会再把幼虫带回原来出发的海岸。有时候，大部分幼虫就这样漂散到了海中，还没等到在海底安家就成了他人的腹中食。但是还有很多幼虫成功找到了新的栖息地，开始了命中注定的生长发育。

藤壶和牡蛎的生命都是以在海上漂流数周的幼体形式开启，而后安定下来才进入生长发育阶段，成长为附着在海床上的成年体。虽然它们一生的行程从父辈的栖息地里出发后完全由洋流所决定，但它们还掌握着一些小窍门能防止在海面上毫无希望地流浪。河流入海口上，河水更倾向于将幼虫带回海洋。当河水和海水相遇时，盐度相对较低的河水会覆盖在海水层之上。如果幼虫这个时候还在海面的话就会被河水带走。这些幼虫为了避免开始这段一点也不期待的旅程，有一些小智慧，这些幼虫只会在涨潮海水逆河流而上的时候上升到海面，而落潮的时候，这些幼虫就会移动到海底，向着海岸移动。这样的结果就是入海口中的幼虫实际在逆着河流而行，最终能在入海口处找到适合的栖息地。

幼虫也能用非常独特的线索来找到合适的地方安家。沼螺生活的泥泞沼泽，只有非常高的涨潮才能达到，事实上，大潮周期中每两个星期海水就会淹没这里一次。幼虫就是依靠大潮涨潮，通过浮游动物形式整整漂流了两个星期，才到了这里。后来它们根据潮汐涨潮的位置精准地调整着生活区域，这一点至关重要，因为沼螺需要借助空气呼吸，如果被海水淹没了是绝对无法生存的。

那些选择安静地生活在深海火山口的生物幼虫的迁移，可谓是最令人惊奇和难以破解的了。这些生物的幼虫需要从深达2000—4000米的深度上升至大洋表层，开始以浮游生物为食。这些幼虫是如何做到这么惊人的壮举？它们如何能返回到父辈家园，并且还能找到其他适宜环境呢？这些动物可能没有其他选择，因为它们只能在深海区域内的高硫含量区生存。海洋曾经也许可以为这些动物提供的栖息地分布更为广泛，比如，人们最近在一只鲸鱼尸体边发现了一种跟含硫火山口附近相同种类的蛤。海中逐渐腐败的鲸鱼尸体也许释放出了含硫物质，恰好跟火山口附近支撑着蛤生存的那种物质相同。海面上曾经经常可以见到鲸鱼尸体，但那是在20世纪前，即人类还没有开始疯狂捕捞鲸鱼之前。人们通过过度捕捞鲸鱼，在不知不觉间已经毁灭了不知多少深海生物未知而神秘的家园。

万足向日

一进入海面之下，任何人都会注意到它们。它们看起来像是白化鹿角，人们称为麋角珊瑚，是深海下面珊瑚向上伸出的枝丫。这些珊瑚那白垩般的颜色成了海洋生物们最突兀的背景色，尤其是那些成千上万色彩缤纷的鱼儿们，还时不时从“背景”间隙里飞掷而过，妄想着能躲避后面大鱼的捕捉。这些麋角珊瑚中，有其他珊瑚给海床包裹上石灰质骨架。这些珊瑚分支都形态各异地上升组成一个精致半球，间或装饰着盘绕的软组织。

人们如果要想好好地欣赏珊瑚礁，需要乘坐飞机来一趟低空航行。大洋深处珊瑚礁上不断有深蓝色海水波浪激荡翻滚，那些接近1英里宽的珊瑚礁沿着海岸蜿蜒长达数英里。人们从空中可以清晰地看到长长的珊瑚“触须”伸向太阳，海峡在不断变换，不断有海水汇入，透过岩石缝隙上涌。珊瑚礁是石灰质骨架的聚合体，无数比拇指还要小的动物在这里秘密地生活着。但是，正是这些微小动物构成了澳大利亚东海岸线上蜿蜒1100英里的大堡礁，也正是这些微小动物塑造了大洋中部海洋山脉岛屿上呈现不同环形、环状或马蹄形的礁石。这些长着触须的小侏儒组成的大军在数百年间夜以继日地齐心协力劳作下，不需要法老的指引也能塑造出世界奇迹。

珊瑚动物可以看作是生物极简主义的练笔。这些动物通常长度不超过1英寸，形成柔软的杯形，顶端长着众多细小的触手，不断向上伸展。这些触手可以捕捉更微小的浮游动物，放进珊瑚形成的“杯子”也就是它消化、吸收、排泄合而为一的唯一器官。珊瑚一般而言都是殖民属性的，这块殖民地由成千上万的个体或称为息肉共同组成。每个个体都在偷偷隐匿石灰骨架，而随着整个殖民地所产生的石灰架逐渐一层一层地积累，最终就形成了一个巨大的礁石。而这个巨大礁石也就具有精致无比的分支构造。

珊瑚生长非常缓慢，一个堆形珊瑚可能在一年中只能向上生长半英寸。珊瑚息肉内包含着无数名为“虫黄藻”的细小单细胞海藻，生活在珊瑚内部组织里。这些虫黄藻仍然拥有植物的功能。它们利用太阳中的光线制造出糖类和其他生命必须物质。大量光合作用产生的糖类经过虫黄藻传递给了动物，让动物得以生长。但是动物也能在珊瑚组织内保护虫黄藻免受侵害。因此，二者形成了互利共生的关系。如果没有这些藻类，珊瑚不能这般快速地生长；如果没有这个共生关系，礁石将无法生长。

达尔文将自己的科学目光精准地投放在珊瑚礁上。他想知道环形珊瑚礁是如何形成的。达尔文推断出环形珊瑚礁下沉的速度必然刚好可以跟珊瑚向上生长的速度相平衡。随着岛屿下沉，海面附近的珊瑚继续生长以保持海面附近珊瑚礁的生长。但是珊瑚礁的生长必须是深海珊瑚岩的生长。如果这一过程能足够长，那么环礁上就会有成堆的石灰岩，足有数百英尺厚。如果继续向下探寻，人们首先需要穿透这一层珊瑚岩，然后才会看到珊瑚所附着的生长基质。因为这些环礁总在大洋中部海底火山口附近，所以达尔文认为，这些原始基质可能是火山岩浆。

达尔文的想法是正确的，但直到他关于珊瑚礁基质的理论出版100年之后，他的想法才被证实。1952年，科学家们在位于西太平洋的埃尼威托克岛环礁上进行了钻孔探测，他们足足钻过深达4000英尺的珊瑚岩才最终达到古老的火山石。经过现代年代测定技术，地质学家们最终测定这些珊瑚礁已经生长了超过4000万年——这4000万年里，这些小小的动物，伸着自己的触角，不断努力地向着太阳生长。

跟珊瑚礁相比，其他海洋栖息地都没有如此错综完美的生命共生现象。人们在太平洋巴拿马海岸珊瑚礁附近进行潜泳时，就很可能会看到棘冠海星如何逐步接近它最爱的食物——鹿角珊瑚。如果海星的前路畅通无阻，它会爬到珊瑚顶上面大快朵颐，但总是事与愿违。每当海星接近珊瑚聚集地，生活在珊瑚礁基石缝隙中的鱼儿螃蟹们会突然袭击它们。这些外来居民在依赖珊瑚礁庇护的同时也替珊瑚礁抵挡了袭击，帮助珊瑚礁能继续生长，也让珊瑚礁为它们提供更多缝隙去生存。

珊瑚礁中，许多鱼类都要依靠濑鱼的规模化清洁生存。濑鱼这一神奇的鱼儿如同一台清洁站，每天接待成百上千的鱼儿们。清洁工濑鱼会接近它的客户，介绍一下自己的工作，然后开始清洁客户身体表面的寄生虫。濑鱼有的时候甚至会去天敌嘴里做生意，可惜有的时候天敌可能转头就忘了这档子事，一不小心就把辛勤的清洁工给吃掉了。许多鱼类如果没有清洁工濑鱼这项服务的话，很快就会被表面的寄生虫占领了。

即使这么多生物选择在珊瑚礁里互帮互助地共同生活，珊瑚礁仍然是片危险环境。鱼儿们仅仅从珊瑚顶上露一下头，就会有大群大群肉食性鱼类蜂拥而至，准备吞食这些暴露于危险世界的可怜小鱼儿。大部分珊瑚礁上所附着生活的大量海底动物，都没有丝毫躲避天敌的能力。多少年来，许多生物经过进化都拥有了卓越的防御能力。但可能没有任何其他生物比海鞘还要奇怪了，海鞘可以产生含有硫酸的小球并将其传送到身体表面，任何捕食者如果咬了一口海鞘，都会被这灼烧度震惊。如果这还不算什么，海鞘还有另外一个撒手锏，它体内积累聚集了毒性金属钒，含量足以杀死一头马！还有另一种常见动物——柳珊瑚——可以产生巨量生物活性极高的前列腺激素。所有动物的体内都含有这种激素，但通常来说含量微小，而柳珊瑚体内前列腺素却含量惊人，以至于任何胆敢拿柳珊瑚做食物的动物都会难受得呕吐，再也不敢来吃第二顿。但令人惊奇的是，火鹤舌蜗牛和萤火虫却能美美享用这些有毒的食物，没有人知晓它们不会中毒的奥秘。

珊瑚礁展现了自然中的微妙平衡。珊瑚礁上可以发现最微妙的依赖关系。人们甚至能从中感受到如同陆地海洋一般的永恒感：

这里似乎是一片永远没有死亡和毁灭的水下伊甸园。但这却不是真相。珊瑚礁内进行着各种循环，生老病死再生循环，不仅有寒流过后的萧索，还有温暖来到的复苏。

热带海域上交织生成最具毁灭性的风暴带地区，也就是珊瑚礁生长最好的区域。加勒比海域上，飓风是夏天尾巴里和秋季里的常客，常常会在大洋中行进上数千英里，留下一片汹涌起伏而极具杀伤力的大风大浪。海面上疾驰而过的风会让海水进行周期运动，并反过来影响着深层海水。要知道，每小时行进100英里的风力就足以搅动深达100英尺的海底，而大多数大型珊瑚生活在大洋上层30—50英尺的海域中，这股力量足以轻易撼动比成人还要巨大的珊瑚礁，让其瞬间化作粉末。1961年，英属洪都拉斯沿岸有飓风来袭，撕碎了蜿蜒5英里以上的活珊瑚。人们通过海藻鉴别珊瑚的年龄后，发现至少需要20年的时间才能重现这般规模的珊瑚礁。20世纪70年代，艾伦飓风也给牙买加北海岸造成类似损失。气旋摧毁了太平洋珊瑚礁和许多大型珊瑚岬，而且同样至少需要20年才能恢复。

20世纪60年代发生过一场生物灾难，至今没有明确解释。太平洋里，棘冠海星通常较为零散地生活，在丰饶的珊瑚聚集地捕食而生。但仅仅过了几年。整个印度洋和太平洋上，从红海到中太平洋环礁一带上棘冠海星数量突然激增，海星占领了美国关岛附近将近90%的海岸线，而且海星们还一改原本的夜间独自活动的习性，而变成了日间巨大觅食群体集体袭击。海星已经开始占领大堡礁附近诸多大型海域，导致沿海城市和太平洋的惊涛骇浪之间只剩下孤零零的珊瑚礁，所以很多澳大利亚人开始担心他们珊瑚礁的生死存亡，甚至还申请了紧急委员会来研究处理如何制止海星扩散的问题。众多科学家和自然主义者们纷纷武装上潜水设备，要么下水去研究海星，要么就直接通过注射甲醛消灭海星（要知道海星就像是魔术师的神奇绝技一样，越撕裂数量越增多）。为了破解海星这一谜题，澳大利亚政府花费近250万美元。

但是从20世纪70年代开始，海星跟神奇出场一般又神奇地突然消失了。海星对珊瑚的过度剥削导致了食物匮乏，从而导致了海星数量的急剧下降。此后，珊瑚礁开始慢慢恢复元气，这场灾祸也就度过了。但是，这场灾祸如何开始的呢？这一直是个谜，后来珊瑚礁生物学家查尔斯·伯克兰认为，海星幼虫通常处于挨饿状态，除非风暴来临将很多营养物质冲刷进海洋，这些营养物质将会刺激浮游植物，就是幼虫食物的增长。这也许就是这一切的解释，目前实验室状态下已经发现，海星幼虫即使在很低的食物供应状态下也不那么容易饿死，仅仅是生长缓慢。但是事实可能证明，自然中就是这点儿缓慢生长的速度是至关重要的。目前风暴来袭后海星数量激增的例子已经有多例，这也是支撑伯克兰想法的主要证据。

珊瑚礁的平衡非常脆弱吗？证据并不是这样。过去的几万年间，海平面起起伏伏，不同珊瑚礁也都间或被淹没侵蚀。风暴、贪婪的食肉动物，甚至是疾病都能毁灭珊瑚礁。即使珊瑚礁失去了主要的生物组成部分，甚至发生了一些改变，也能继续繁荣生存发展。20世纪80年代早期，加勒比海珊瑚礁上一种曾经十分丰富的海胆突然全部消失，可能是由于一种传染性疾病的传播。后来，海胆的主要食物海草先是茂盛生长，接着就有一种以海草为食的鱼儿取代了海胆的位置。珊瑚礁不仅能维持平衡，也能以动态变化模式生存，但永远不变的是，那些小小珊瑚触角永远不懈地向着太阳运动。

我们会毁灭我们身边的海洋吗？

曾几何时，海洋是一片难以跨越的辽阔的未知虚无。自古以来，一代代航海人在远方丰饶土地的召唤下，不断地去航行漂流探索，逐渐揭开了海洋的神秘面纱。随着世人逐渐知晓海洋和陆地的比例，整个地球似乎变得更小了。随着地理学的不断发展，航船速度越来越快，海洋上不断进行着贸易和征战。海洋成了波澜起伏中交织不停的高速路网。

海洋曾经是连接世界的纽带，但是如今人们和海洋之间又有了不同联系。日本水俣市的渔民们曾经可以享受章鱼、鱼类、海胆和螃蟹等的丰收，而如今，港口旁的道路上行走的全是因为受到海洋中水银排放污染而导致残疾的人们。大洋是慷慨的无尽源头，但如今海洋中有比曼哈顿岛屿还要长的渔网等着去网鱼，还有鱼叉不断地瞄准着大洋深处的鲸鱼。人类的污染物永远威胁着滋养扇贝等生物的海草，不断抢夺着近海鱼类和其他海洋生命生存所依赖的氧气。曾经的古老海洋通路如今甚至遍布着巨大的石油油轮，这些油轮如果一旦触礁就会释放出有毒黏稠的石油而毒害海洋。海洋真的会中毒吗？人类真的能在如此辽阔的海洋中散布有毒物质吗？

如今的情况不容乐观。海洋是人类的通路、食物来源和玩耍的场所，但是海洋也成了人类的下水道、有毒废料排放场，海洋成了人类躲避逐渐酝酿中的环境灾难的最后一块避风港。世界上几乎所有的入海口都污染严重并且存在过度捕捞现象。世界上许多重要城市——伦敦、哥本哈根、纽约、威尼斯等——都在海洋或是大型入海口旁的海岸上。纽约的伊斯特河曾是垂钓者的天堂，斯塔滕岛海岸上曾经全是牡蛎的养殖场。如今却再也不是了。牡蛎养殖场让位给了世界上最大的垃圾场；伊斯特河中仍然还有鱼儿生存，但是河水已经污染到再也不能安全食用这些鱼儿的地步了。威尼斯环礁湖中绿藻全部覆盖了这些受污染的河水，这些受污染的水又流进亚得里亚海，而那里早已被波河河谷中的有毒废料所严重污染了。

人类垃圾已经严重威胁到近海安全。废料垃圾中含有丰富的营养物质可以溶解于水，从而被浮游微生物吸收。如果仅仅是微量排放，确实没有危害，反而会促进植物生长，但是城市区域产生的过多排放物对植物生长造成极大促进，以至于动物所能消耗的浮游生物根本微不足道，留下了大片大片的浮游微生物植物。而这些浮游微生物死后会降落到海底海域，在被细菌分解的过程中反而会消耗氧气。比如说像是纽约港，排放的废料中包含着的化合物可以直接跟氧气结合，完全耗尽了水体中的氧气。最终导致海底海域中完全没有氧气，近海生物因此死亡。海洋的低氧气状态，人们称为缺氧低氧状态，在世界各地污染严重的近海区域非常常见。不幸的是，清除海水中这些营养物质的成本非常高，人们不清楚社会是否会愿意给这个清理行动埋单。目前，这一趋势并不乐观，海水中的氧气正越来越稀少。

如今人类捕捉到鱼获后，都不太清楚这些鱼是不是可以安全食用。虽然人们逐渐了解到低胆固醇鱼儿具有健康油脂这一优点，可是这些鱼却总被很多物质污染，其中有很多污染物已知可以诱发癌症。最近几年，人类发现美洲和欧洲近海海域的许多鱼类都含有多氯联苯和二噁英，这两种物质都被怀疑是致癌物质。美国纽约州的哈德孙河上的银花鲈鱼数量丰富、非常美味，可是渔民打捞上来后却发现这些鱼儿身上积累着大量多氯联苯，无法食用。这些多氯联苯原本是用来生产机械润滑油的，但后来都被排放进了哈德孙河里。就在这同一条河里，美国蓝蟹也受到了严重的重金属污染，而污染来自于紧挨着小河谷的镍镉电池生产厂。随着沿岸人口迅速增长，越来越多的贝类养殖场不得不关闭，因为人类通过垃圾向海中传播了太多的致病微生物。如果你觉得这种粗放型发展与你自身没有什么关系，就请俯视一下海岸线，看看你能想到的每一片海岸上挤满了多少房屋。

近海农田和沼泽湿地随意使用杀虫剂是让海洋生命惨遭横祸的另一凶手。杀虫剂“开蓬”（十氯酮）从近海农场一路冲刷到切萨皮克湾的詹姆斯河，在那里的蓝蟹就遭了殃。杀虫剂杀死了大量密集的幼蟹。在蕾切尔·卡逊警醒人类DDT的危害之前，DDT已经造成了许多华美壮丽的海鸟的注定灭亡，这其中有褐鹈鹕、鹗和秃头鹰等。DDT可以在脂肪组织内积累，可以破坏生殖系统和妨碍卵壳的生成。这些鸟类不断捕捉受DDT污染的物种为食，不断在身体组织内进行着有毒物质的浓缩积累。如今随着各项禁令的颁布施行，这些鸟儿又开始归来，但是农业用地上，杀虫剂的使用仍然越来越多，甚至砂质潮滩上都有人施用了杀虫剂去除掉穴居的虾子，以便牡蛎可以稳定生长。卡逊的警告呼喊需要获得人们的注意。

这里还有石油造成的危害。100年前，海洋中随处可见的捕鲸船上，人们通过收集鲸蜡油才点亮了波士顿和纽约的油灯。然而如今的海洋俨然已经成了石油运输的主要通路，不断有运载着超过20万桶原油的巨大油轮跨越着大洋。而这一过程并不完美。油轮一旦触礁，石油就会崩裂，泄漏在波涛汹涌的大海中。人类对燃料的欲望也导致了海水的石油化和对海岸线的掠夺。

1967年，托利·堪庸号油轮的泄漏油污事件是灾祸降临的第一个真实信号。油轮在汹涌海面上不慎碰撞到礁石上，大量石油渗出，覆盖住了整个不列颠群岛海岸，这足以毁灭一切。鸟儿们通常会利用一层厚厚的绒羽毛来隔绝寒冷，然后再附加上一层更坚硬的羽毛完全封锁来保暖，但是石油可以破坏鸟类外层羽毛的密封并让绒羽毛瓦解。即使鸟儿们在用嘴整理羽毛的时候没有被石油毒死，也会因为暴露在寒冷海域上被冻死。其他海洋生物也会在石油覆盖下缺氧窒息而亡。更糟糕的是，救援人员又在海面上铺满了有毒清洁剂，这些本来想去促进石油分解的清洁剂反过来谋杀了更多的海洋生物。最终，英国政府只好从英国皇家军队基地发射了导弹，将油轮和泄漏出来的石油都付之一炬。

但是，这仅仅是灾祸的开始，我们如今根本看不到任何结束的迹象。许多事故还在继续，石油不断在污染海洋并且杀死了数不清的海鸟和其他海洋生物。20世纪60年代，在美国科德角所进行的一项研究显示，灾难发生一年后，在蛤蜊体内仍可发现有毒石油物质。从法国布列塔尼到美国圣巴巴拉市的整片海域上都有发生过石油泄漏事故。

这场“大屠杀”也一路蔓延到海洋最原始的部分。人类对石油的渴望导致人们不断在大洋里建设石油的输油航线，从阿拉斯加北海岸一路到北太平洋的港口城市，这种做法也许可以让我们多用上几年的石油。原本岩石嶙峋的海岸边，雄鹰们会藏在冰川的阴影之下等待着捕食，海豹在海岸上欢快地玩耍，小鲑鱼儿们开始了奔向海洋的漫长旅行。本来海面之下，海草林从崎岖不平的洋底一路蔓延到海面，巨大的海藻每天都能生长数英寸长。许多人都曾警告过输油航线的不明智和愚蠢，因为这些巨大笨拙而装满石油的超级油轮无法在1英里内停下，转向也都非常缓慢，无法躲避任何突然来临的危险。但是，意外就是这样产生了。1989年3月24日，埃克森·瓦尔迪兹号油轮意外触礁，在世界上最美丽也是最丰饶的海岸线上倾洒了1100万加仑石油。数不清的海鸟、海豹和水獭死去了，石油扩散遮挡了成百上千平方英里的面积，遮蔽了那美丽的嶙峋岛屿和海岸线，这是人类行为对自然秩序事物所造成的前所未有的伤害。

如果在地球北方造成的灾难还不够的话，石油甚至也开始污染南极洲的海岸，这一最遥远的海洋栖息地。1989年1月，一艘阿根廷船只在这里倾覆，泼洒出了将近20万加仑石油，杀死了数不清的企鹅、海豹和海鸟。严峻的南极洲的冬季气候也导致了人类无法进行任何形式的海上救援。

你也许会因为这些灾难去责备轮船的领航员，责备公司，责备政府。但是没有一个安全项目能避免这一稀有事件，这一相对低概率发生的意外事故。远洋之中仍是一片危险的疆域，风浪仍是主宰航船命运的推手。只要人类把“定时炸弹”放进海洋中，海鸟就会因其而亡，海床就会被石油污染。

现如今，如果有人选择去跨越大洋，途中不可能完全看不到人类入侵一星半点儿的标志。海面上到处都漂浮着塑料。如果要用什么象征标志来说明人类现在所处的困境的话，可能就是不断冲向海岸的医用注射器，主要集中在美国的东北海岸上。医用垃圾处理一直非常昂贵，许多人毫不迟疑地将这些医疗垃圾扔进了近岸海域。这些注射器几乎没有被找回来多少，但是再也没有人敢欢欣愉悦地在海岸上赤脚而歌。

这一切会何时终结，或者说，我们如今才开始担心这个问题会不会为时已晚？大自然给人类的预示迹象随处可见，不论是散发着恶臭的缺氧河口，还是患有肿瘤的鱼类，或是满是淤泥而死去的海床。人类急切地去征服海洋这个看似坚不可摧、完全不是人类的影响所能渗透的系统。但是，海洋中真的没有哪一个犄角旮旯是人类影响所不能渗透的。人类能横扫海洋洗劫鱼类，倾倒的有毒物质足以杀死所有近岸海域生命，还能排放出大量的污染营养物质，足以耗尽水中所有的氧气。随着人口压力持续增长，并缺乏对人类破坏性趋势的关注，近海注定要灭亡。有人也许会说，深海可以继续作为垃圾排放场，这种观点也是目光短浅。这种做法仅仅给目前尚且欣欣向荣的世界偷偷延长了一点儿时间而已。人口会继续增长，而深海会继续积累着放射性物质、污水泥污和有毒物质。海洋每隔千年左右就会整体充分融合，所以也许过不了多久，这些可溶解的有毒物质就从深海上升融合进入整个大洋中。

我们不能在这里坐以待毙，等到再过50年后，近海已经污染到无法修复的地步。数千年来，航海人与海洋的争斗都以失败告终，如今人们好似是成功的征服者，但是实际上付出了巨大的代价。如今要拯救海洋，需要的是另一种勇敢。如今安全航行需要的不仅仅是勇敢的船长或是坚硬的船只，我们必须要利用好海洋资源，学着不把海洋当作下水道。我们要重返海洋，但是这次带着清洁海洋的决心，就跟几个世纪前的人们渴望探索和征服海洋的决心一样强烈。

杰弗里 · S. 莱文托